U0150169

手绘传奇植物科普丛书

超级危险的植物

丛书主编 ◎ 李晓东　李振基　孙英宝

主　编 ◎ 赵迎春　李青为

绘　图 ◎ 苟一乔

中国林业出版社

丛书主编：李晓东　李振基　孙英宝

主　　编：赵迎春　李青为

编　　委：费红红　张　娇　孙清琳　李　品

绘　　图：荀一乔

图书在版编目（CIP）数据

超级危险的植物 / 赵迎春，李青为主编；荀一乔绘
图 . -- 北京：中国林业出版社，2022.6（2024.8重印）

（手绘传奇植物科普丛书 / 李晓东，李振基，孙英
宝主编）

ISBN 978-7-5219-1488-7

Ⅰ.①超… Ⅱ.①赵… ②李… ③荀… Ⅲ.①植物—
普及读物 Ⅳ.① Q94-49

中国版本图书馆 CIP 数据核字（2022）第 003329 号

中国林业出版社 · 自然保护分社（国家公园分社）

策划编辑	刘家玲
责任编辑	葛宝庆　肖　静
出版发行	中国林业出版社（北京市西城区刘海胡同 7 号）
电　话	（010）83143612　83143577
邮　编	100009
印　刷	河北京平诚乾印刷有限公司
版　次	2022 年 6 月第 1 版
印　次	2024 年 8 月第 2 次印刷
开　本	880mm×1230mm　1/32
印　张	3.5
字　数	50 千字
定　价	50.00 元

在我们所居住的地球之上，与我们人类相伴而生的植物有 30 多万种，构成了一个庞大的大家庭——植物界，它不仅蕴藏着很多的科学奥秘，还与我们人类和所有动物的生存紧密相连，是诸多生命健康存在的保障。有的植物生长高达百米以上，有的小如米粒。有的植物为了生存，身怀绝技；有的植物生存环境恶劣，但学会了应对。有的植物拥有人类生命成长所必需的能量，分别被加工成了美食和药材；有的植物却已经被人类过度利用而面临濒危和灭绝。为了让读者更广泛而深入地认知与了解这些植物存在的重要价值与意义，中国科学院植物研究所的李晓东、孙英宝和厦门大学李振基同志编写了《手绘传奇植物科普丛书》，以图文结合的方式展示与讲述了各类植物的形态特征、广泛用途与生存智慧。

这套《手绘传奇植物科普丛书》把科学、博物、艺术和生活融为一体，并且配有精美的手绘图，带领大家去领略植物界最引人入胜的植物风采，把丰富的自然知识用通俗的语言在愉悦的氛围中进行传递。所以，这是一套值得向所有热爱自然万物和科学绘画的人推荐的好书！

是为序！

王文采

2018 年 5 月 12 日

序
二

　　植物，是人类生活之中必不可缺的重要部分。人类的衣、食、住、行都与植物有着密切的联系，可以说人类的生命与植物息息相关。人类及其他生物均靠大自然的养育而存活，尤其离不开植物，它们用生命供养着人类。但这种以生命为代价的付出，不仅没有得到很好的回报，反而被人类渐渐遗忘，忘记这些植物叫什么名字、生长在哪里、为人类提供了什么帮助。这就是人们常说的"自然缺失症"症状之一。

　　随着人类的不断进步与发展，人类所向往的都市生活已经实现，同时人类不惜花费巨资在大自然中打造出了自以为更能适合其生活的美好环境，建设了很多青砖灰瓦、钢筋混凝土结构的城市。它们已经把人类与自然隔离得越来越远。城市数字化与电子虚幻世界也在侵蚀着人类的文化发展与健康生活，周围的自然环境也被逐渐地淡化与漠视。人类的文明发展与健康的生活，以及美好的生存环境，正在面临着严峻的考验。

　　针对人类当前所面临的城市化问题，《手绘传奇植物科普丛书》编写小组联合植物学领域内的同仁以及科学绘画与博物精品绘团队的画家们进行深入研究之后，给读者奉献了这套集科学性、趣味性、美学性和原创性为一体的自然科普系列图书，以此拉近读者与大自然的距离。本套丛书涵盖了《超级危险的植物》《媲美化学工厂的植物》《丰富可食的植物》《拥有特殊本领的植物》《特殊地域的植物》《即将消失的植物》《美丽的观赏植物》。

丛书主编
2021 年 3 月

在神秘的植物家族中，有很多植物为了避免受到动物的伤害，会想尽办法来保护自己，如长有尖刺或产生剧毒。这对包括人类在内的很多动物来讲，是一件非常可怕的事情。我们也自然而然将这些植物视为"危险分子"。生活中我们很有可能会接触到这些"危险分子"，那么如何去分辨它们呢？本书会带领大家更加科学地认识这些超级危险的植物，学会在日常的生活中如何防范它们，甚至同它们成为朋友。

我们精选了 39 种"超级危险的植物"，主要包括有毒植物、生态入侵植物等，它们大部分很常见，甚至有些可以在我们的餐桌上见到。有毒植物种类繁多、千差万别，有的又与生活息息相关，如毒木王——见血封喉，毒草王——乌头，毒果王——海杧果，毒藤王——雷公藤等。本书通过科学有趣的图文介绍，将相关科学知识传递给读者。如您在大自然中巧遇书中介绍的某种有毒植物，而又凭借本书知识避免了伤害，我们将感到十分欣慰。

另外，大家会发现，这些有毒植物都很有"个性"，之所以有毒，是因为"担心"自身受到其他生物的伤害而进化出的一种自我保护能力。其实它们的存在，对自然界和人类也有很多的价值和益处。希望通过阅读本书，大家对植物界中的这个特殊群体有一个更深层次的认识，这也是我们编写本书的初衷之一。

文中引用了许多科学家的文献资料、魔芋植物图由戴越老师绘制，在此表示诚挚的谢意！由于作者水平有限，内容尚存不足之处，恳请读者批评指正。

编者

2022 年 2 月

目录

林中毒王——见血封喉

　　大家是否对鹤顶红、五毒散有所耳闻？这些都是武侠小说中的顶级毒物，就毒性而言，它们还略有逊色。真正的林中毒王是"见血封喉"，它是一种形态普通但具有极强毒性的树，当地人称为"鬼树"，又名箭毒木、加布、剪刀树。它是自然界中毒性最大的乔木。

　　见血封喉的树干、枝条、叶子等都含有洁白如乳的汁液，这种汁液含有多种强心苷类的毒性成分，剧毒无比。若该汁液不慎入眼，会导致双目失明；若汁液通过伤口进入人体内，会使人血液凝固、心脏停搏，并在30分钟内死亡，"见血封喉"由此得名。早年间，该树的汁液通常被海南黎族的猎手涂在箭头上，以捕获猎物。古代谚语提到："七上八下九不活"，意思是野兽被涂有该树汁液的箭射中，在逃窜的过程中如果是上坡路最多走七步，如果是下坡路最多走八步，到第九步时就活不成了。

　　见血封喉之"毒"如此耸人听闻，它究竟是何方神圣？见血封喉为桑科见血封喉属的高大常绿乔木，树高可达40米。该属全球共有4种3变种，我国仅有见血封喉1种，是珍稀濒危植物，见于海南和云南、广东、广西南部的热带森林中。它的树冠如片片绿云浮在半空；板状根如火箭尾部的翼片支撑着硕大的树干；树干灰色，有泡沫状疙瘩，这成为见血封喉的一大特征。它在春夏之际开花，在秋季结出红色果实，成熟时变为紫黑色。这种果实形似小梨

见血封喉 *Antiaris toxicaria* Lesch.（荀一乔绘图）

子，含毒素，味道极苦，不可食用。

　　见血封喉汁液成分为见血封喉甙，具有增加心脏血液输出量、加速心率等作用，可用于治疗心脏病、高血压、乳腺炎等疾病。在云南，傣族和基诺族人用它的树皮纤维做褥垫、毯子和漂亮的衣服，制作流程如下：首先，使用木棍反复敲击树皮，使树皮纤维和木质分开；其次，将树皮纤维浸泡一个月左右以去除毒性；最后，可得到细长、柔软并富有弹性纤维的纤维材料。用这种材料制作的褥垫和毯子具有较高的舒适度并且非常耐用，可以用上数十年之久；用它制作的衣服和筒裙，穿着舒适、轻柔，能起到较好的保暖作用。见血封喉在海南琼北的村庄中被认为是驱灾避邪的风水树。

隔空咬人——漆

考古工作者经常发现，在地下埋藏了几千年的古代漆器，有些不仅完好无损，而且仍光彩照人，让人啧啧称奇。原来，古代的漆器都使用了一种号称"涂料之王"的天然涂料——生漆。它有"百毒不侵，忠于职守"的特性，就如同一层厚厚的盔甲，防护着器物成百上千年而不损坏。

生漆干燥后形成的漆膜附着力强、光亮透明、经久不褪色，更神奇的是它可以在 150 摄氏度的环境下长期使用，现在来讲，就足够用作微波炉容器了，而且漆膜即使被更高的温度灼伤，也能在几个月后复原如新。这么神奇的涂料，它的来源一定不简单吧？其实不是，生漆就产自我们日常生活中能够遇到的一种乔木——漆的体内。漆全株都含有白色汁液，人们就像割取橡胶一样从树干上收集这些汁液，汁液遇见空气会变为褐色，几个小时后其表面干涸硬化生成漆皮，这就是生漆。此外，漆树的用途还有很多，例如，树皮可供取蜡，种子可供榨油，木材可供制作家具等，而在北方，一到秋天其树叶还会变黄变红，美不胜收。

难道浑身是宝的漆也会是植物界的"危险分子"吗？没错！它危险得难以想象，因为它会"隔空咬人"！当人接触到漆，甚至仅仅是接近漆都可能出现过敏反应，这时皮肤会出现大面积斑疹，并且红肿痛痒，十分难受。也正因为这个特点，它被误以为会"隔空咬人"。

漆 *Toxicodendron vernicifluum* (Stokes) F. A. Barkley（荀一乔绘图）

　　漆是怎么"隔空咬人"的呢？我们猜想是漆通过叶片挥发出的绿叶气体中致敏物质让对漆树敏感的人皮肤过敏。为了防止被漆"咬伤"，在接触漆之前，我们可以在脸、脖子和手等露在外面容易起斑疹的部位涂上植物油或矿物油，穿着长袖上衣、长裤、手套、帽子等，使漆不能直接碰到皮肤表面。若不幸被漆树"咬伤"了，可以涂抹肥皂水、抗组胺软膏及硫酸锌油等抗过敏药物来减轻红肿。如果在野外找不到这些药物，可将生长在路边、荒地上的问荆（笔头菜）以盐搓揉之后涂抹在被"咬伤"的部位，也会有一定效果。

蜇人的宝贝草——蝎子草

在湿润的山谷、溪边，常常生长着一种会蜇人的草，人们都叫它蝎子草。蝎子草外表普通，与其他的野草相比，没有什么特殊之处，绿色的叶子很宽，叶子边缘有很多的齿。但是，你可千万不要小看这种外表普通的草，如果皮肤不小心触碰到，就会像是被蝎子蜇了一样疼痛难忍！

蝎子草是荨麻科蝎子草属的植物，这种植物是怎么像"蝎子"一样"蜇人"的呢？

原来它全身上下都长满了尖尖的针毛，上部质地脆，下部坚硬。如果顺着刺的方向摸可以平安无事，如果倒着摸这些刺，它的头部会折断，刺尖随即扎进皮肤注入毒汁。这些刺毛里的毒液含有蚁酸等复杂的酸性物质，进入皮肤内给人的感觉就如同被蝎子、马蜂蜇过一样，疼痛难忍，并出现斑状红肿等过敏症状。当我们在山地林间行走的时候，最好穿上长衣、长裤，避免皮肤和蝎子草的亲密接触哦。如果不幸被它蜇到，可以通过用肥皂水清洗等方式来减轻疼痛。

植物没有脚，遇到危险时不能像动物那样逃走，蝎子草蜇人是植物进化出的一种自我保护的方式，利用这种"防御武器"，当有动物想要吃掉它的时候，刺毛就可以起到保护自身的作用，动物被它蜇过以后，就会"痛定思痛"，再也不会来吃它了。植物大家庭里有蜇毛的种类只有数十种（小贴士：全世界现有植物 30

蝎子草 *Girardinia diversifolia* (Link) Friis subsp. *suborbiculata* (C. J. Chen) C. J.
Chen & Friis（苟一乔绘图）

余万种，因此，会蜇人的植物比例大概不足世界植物种类的万分之一），这些"少数派"以独特的适应环境的方式占据着植物界的一席之地。

别看蝎子草蜇人，想拒人于千里之外，它的用途可不少，堪称"宝贝草"：茎皮纤维可供纺织和制绳索用；全草供药用，具有消炎镇痛、抗风湿的作用；嫩叶可作蔬菜或加工成饲料；种子可供榨油或制取淀粉。虽然蝎子草有毒，但在锅中一煮就没毒了，西南一带山区的老百姓会采来嫩的蝎子草，煮一下，做成美味佳肴。

只可远观而不可亵玩焉——尖尾芋

尖尾芋（滴水观音）是一种很常见的绿色盆栽，经常出现在家庭绿植中。滴水观音属于天南星科海芋属，有着挺拔修长的叶柄、翠绿宽阔的叶片，非常好看。在水分充足的条件下，它还会从叶子顶端或者边缘滴出小水滴，很是有趣，加上它形如观音轮廓的花，使它获得"滴水观音"这样好听的名字。滴水观音不仅有一个好听的名字，而且对生活环境要求很俭朴，能够忍受弱光的条件和贫瘠的土壤，比较容易种植。其宽大的叶片可以帮助清除空气中的尘埃，并净化室内空气，因此它是不可多得的适合家庭室内摆放的"绿宝宝"。另外，它还可以供药用，对腹痛、霍乱、疝气等有良效；又可治肺结核、风湿关节炎等疾痛。

难道这么常见并且有这么多优点的家庭绿植对我们也有危害吗？我们很不情愿地说："是的！"

它也是有毒植物，应当小心防范！原来滴水观音粗大的茎内富含汁液，皮肤接触它就会发生瘙痒不适，不慎进入眼睛可引起严重的结膜炎，甚至失明。如果哪位小朋友，甚至成人，出于好奇而品尝，那可就更加危险了！10分钟内就会有恶心、口腔灼痛及肿胀、发声困难的症状，严重的还会造成肝肾功能损害，甚至窒息，并导致死亡。因此，我们一定要与它保持距离，不可以随意触碰，更不可以品尝。一旦中毒，民间用醋加生姜汁少许共煮，内服或含漱以解毒，这样做的效果有待考证，最安全的办法还是应该尽快就医。

看来滴水观音还真是"只可远观而不可亵玩焉"！

尖尾芋 *Alocasia cucullata* (Lour.) Schott（荀一乔绘图）

植物中的"魔鬼"——罂粟

　　大家对罂粟一定不陌生，因为它就是生产毒品鸦片及海洛因的原料植物，用植物中的魔鬼来形容它一点也不过分！它开花时色彩绚烂，果壳可以用来制作止痛、镇静的药剂，种子可供榨油，然而与它对人的害处相比，这些用途都不值一提！罂粟原生于欧洲南部山区，人类很早就认识了罂粟，早在5000多年前的苏美尔人就开始引种栽培了，并且曾虔诚地称之为"快乐植物"，认为是神灵的恩赐。在公元7世纪的时候，它传入我国，并在很长的一段时间内被视为药用植物栽培，成书于宋代的《本草图经》记载其"主行风气，驱逐邪热，治反胃胸中痰滞"，在中医药上，恰到好处地应用了罂粟以毒攻毒的特性。

　　虽然罂粟可以作为药物为人们治疗疾病、使人摆脱痛苦，但提纯后的海洛因却是可以成为使人产生幻觉，甚至摧毁人命的毒品。吸食毒品有强烈的成瘾性，使人在心理和生理上产生严重的依赖，并丧失劳动力，会对小到家庭、大到全社会进行无情的摧残。在19世纪，英法殖民者就曾大肆生产鸦片并销往我国，使这种"快乐植物"变成了"魔鬼之花"，中华民族开始遭受毒害，国运尽衰！由此引发的鸦片战争和近现代社会变革更是充满了血泪教训。

　　如今，罂粟的种植受到了法律的严格限制，偷种者们将受到法律的严惩，而对于那些漏网之鱼我们也要细心留意，使他们无处藏身。下面我们就教大家区别罂粟和它的近亲——虞美人。

罂粟 *Papaver somniferum* L.（荀一乔绘图）

罂粟和虞美人是同一个属的植物，整体外部形态看上去比较相像但两者的形态还是有一定区别的。高度：虞美人的高度是 25~90 厘米；罂粟的高度是 30~150 厘米。茎：虞美人的茎青绿色，纤细，有较多长的粗糙毛；罂粟的茎粉绿色，粗，全株光滑，茎、叶、果表面带有白色粉状物。叶：虞美人的叶薄而窄，长度 7~15 厘米，二回羽裂；罂粟的叶厚而宽，长度 7~25 厘米，没有分裂，边缘有锯齿。花：虞美人一株多花，花的直径 5 厘米，花瓣 4 枚，极为单薄，质地柔嫩，边缘多全缘；罂粟一株一花，花很大，直径达 10 厘米，有光泽，质地较厚，边缘多浅波状或分裂。果实：虞美人的蒴果较小，直径 1~2 厘米，呈截顶球形，割开没有白色乳汁；罂粟的蒴果大而圆，直径 4~7 厘米，呈倒扣的坛状，割开有白色乳汁。看完罂粟和虞美人的区别之后，大家肯定不会再混淆了。

是药三分毒——乌头

大家见过乌鸦这种鸟类吧？其实，童话里也经常出现乌鸦的形象，并经常陪伴着巫婆。植物中也有跟乌鸦有关系的一种，它叫乌头。我国明朝著名的医学家李时珍在《本草纲目》中曾介绍"初种为乌头，象乌之头也，附乌头而生者为附子，如子附母也，乌头如芋魁，附子如芋子，盖一物也。"这是说它的主根在初生时像乌鸦的头，因而得名。

乌头是毛茛科乌头属的植物，虽然它的根长得不太惹人喜爱，但它紫色的花儿像个小头盔一样，如果大家在野外见到了一定会觉得它们很可爱！其实，现在人们已经培育出很多亮丽的栽培品种用来观赏，各地的植物园和公园里也常有栽培的。它不仅是一种漂亮的观赏植物，还可以治病。川乌、附子就是中药里常见的两味药，其实这两味药都是由乌头制取的，只不过川乌是由乌头的主根制成的，而附子则是由乌头的侧根制成的。川乌可以用于治疗中风、半身不遂，附子可以用于治疗风寒、腹泻等症状。

常言道"是药三分毒"，尽管乌头既能治病又可观赏，但是它同时也是一种剧毒植物，它还有很多名字诸如"奚毒""毒公""五毒根"等。曾有古语指出"天下之物，莫凶于奚毒"，从这句话我们就可以知道乌头的威力了。

乌头的体内含有大量的乌头碱，只需要几毫克的乌头碱就可以致人丧命。那为什么它还可以入药呢？原来中药所用的乌头是需要

乌头 *Aconitum carmichaelii* Debeaux（苟一乔绘图）

用姜炮制之后，把毒性降到最低，才能服用，即便这样也不能过量服用。而野外生长的乌头未经炮制，更容易引起中毒。经常有报道提及乌头致人中毒或致人死亡的事件，而误食或过量使用乌头制成的中草药引起的最为普遍。由于它毒性剧烈，生食一片叶子即可引起强烈的中毒反应，出现口舌、口周灼痛、麻木感及胸闷、心悸、恶心、呕吐、腹胀等症状。一旦发现是乌头引起的中毒，大家可千万不要大意，除了及时催吐外，还要及时将中毒者送往医院，并及时告诉大夫中毒的原因，以便监护治疗。

看来乌头这种植物比陪伴巫婆的乌鸦更加恶毒，如果在野外遇到乌头，千万要小心，不可以采来食用。

危险的幸运花——铃兰

　　铃兰作为常见的观赏植物，大家经常能在公园等地方看到它。两三片碧绿色长椭圆形的叶子十分茁壮，并在春夏之交托起一串串白色的小花，在花茎上随风起舞，这就是铃兰。它的花儿同它的名字一样，像一串小小的铃铛挂在花茎上，小巧别致，洁白无瑕，散发着淡淡的香气。

　　铃兰是百合科铃兰属的植物，由于形态优美而备受人们喜爱，人们还给它赋予了幸福、纯洁的含义。铃兰是芬兰、瑞典、南斯拉夫的国花，在法国，有句俗语"没有铃兰花的五一则不称其为五一"。20世纪初叶，许多法国裁缝在五月一日这一天习惯将这种泛着清香的小白花送给顾客。人们相信铃兰可以给人带来幸运，所以人们互赠铃兰表示祝福。例如，婚礼上人们将铃兰花送给新娘，以象征幸福的来临；在友情交往中，铃兰历来表示"幸福、纯洁"的寓意，以及"幸福赐予纯情的少女"等美好的祝愿。

　　尽管铃兰是如此的美丽无瑕，人们仍然要对它保持警惕，因为铃兰的各个部位，包括根、叶、花和红色的果实都有毒，甚至用于插铃兰花的水也有毒。铃兰的毒性很强烈，误食半小时后会恶心，并频繁呕吐、四肢麻木、呼吸困难、抽搐，如果不及时医治会导致死亡，所以，千万不能因为铃兰花美丽就放松警惕。而且，铃兰的果实在成熟时是橘红色的，十分诱人，如果家里种植铃兰则一定要小心，千万不要食用！

铃兰 *Convallaria majalis* L.（荀一乔绘图）

此物似桃更似竹——夹竹桃

夹竹桃可不是桃树，两者也没有血缘关系，只是因为它的花似桃、枝叶如竹而得名。这个来自印度、伊朗地区的植物，现在已经是一种我国南北各地很常见的栽培植物。宋朝诗人汤清伯形容夹竹桃"芳姿劲节本来同，绿荫红妆一样浓"，十分贴切。

夹竹桃是夹竹桃科夹竹桃属的植物，是一种常绿直立大灌木，高度能达到 5 米，如果有伤口，就会流出白色的汁液。它的叶呈窄披针形，3~4 枚轮生在节上，长十几厘米。花在枝条顶端聚生成伞状，花深红色或粉红色，也有白色或黄色，十分美丽。它的花期几乎遍及全年，夏秋最盛。

不过，有些人可能还不知道这种美丽的植物全株都有剧毒，并且植株越幼嫩，毒性也越强烈。如果大量误食夹竹桃，就会中毒，初期会出现食欲不振、呕吐及头晕、四肢麻木等症状，如果不能及时医治，严重的会导致死亡。这是由于它分泌出的乳白色汁液中含有的夹竹桃苷是有毒的，中毒症状除出现胃肠道症状外，主要是对心脏的毒性症状，而人一次服用夹竹桃干燥叶 3 克就能致死。夹竹桃枯干后其毒性依然存在，焚烧后产生的烟雾同样具有剧毒。

但是不要被它的毒性吓到，因为只有在大量误食的情况下才会中毒！夹竹桃株型优美，花朵艳丽，还对空气中的一些有毒气体具有较强的抗性，并能吸附粉尘、净化空气，被誉为"绿色吸尘器"，

夹竹桃 *Nerium oleander* L.（荀一乔绘图）

很适合作为行道树种。不仅如此，夹竹桃还有很大的经济价值。例如，它的茎皮纤维可以用作纺织原料；它的茎叶可以用于制作杀虫剂；它全身可以入药，有强心利尿的功能；而它的种子含油量超过了50%。夹竹桃真是全身都是宝！

了解夹竹桃毒性的同时，也应该了解它的价值，这样我们才不会谈毒色变，并且能够避害趋利。所以，面对夹竹桃，只要欣赏就好，可别动手。

愿君少采撷——相思子

"红豆生南国,春来发几枝;愿君多采撷,此物最相思。"这首王维的《相思》可谓无人不知,无人不晓,诗里所说的红豆到底是什么样子的呢?难道就是我们经常会吃到的红豆沙的原料?

我们称为"红豆"的植物有很多,有好吃的红小豆、赤小豆,也有好看的红豆树、海红豆和相思子,等等。诗里的红豆并不是我们常吃的红小豆,有人认为应该是海红豆,也有人认为是相思子。相思子是豆科相思子属的一种藤本植物,也叫相思豆、红豆。它植株细弱,叶片由细小的小羽叶组成,紫色的小花和果实都排成紧密的头状,荚果裂开时露出鲜红的种子,而与果瓣连接的那 1/3 种皮呈黑色,很是有趣。由于海红豆和相思子的种子不仅美丽,而且坚硬、不褪色,人们用它来代表坚贞的爱情。在古代,男女之间互送红豆以示爱慕之情。现在,红豆的意义进一步扩大,人们不仅用它做成手链、项链等装饰品代表爱情的信物,还赋予它永恒的友谊、关爱等含义。

了解了红豆的形态与象征意义,我们还有一个疑问,既然是豆子,那么,红豆能吃吗?

红豆虽然也叫"豆",而且它的名字显得非常甜蜜,但是它与我们常吃的黄豆、绿豆可不一样。海红豆还好,种子可以入药。但是相思子的种子有剧毒,是一种可以致死的毒物!只要咀嚼一粒种子,它里边的毒蛋白就足够致命。

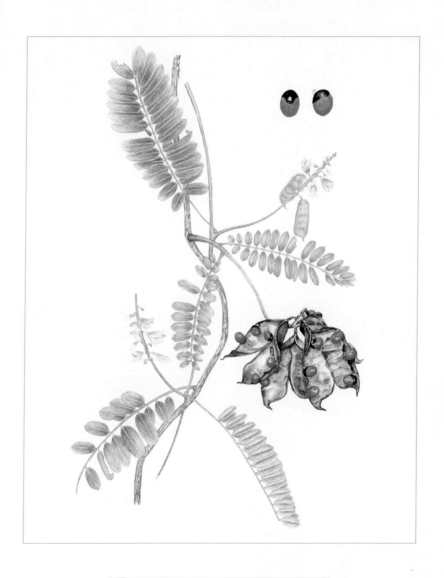

相思子 *Abrus precatorius* L.（荀一乔绘图）

　　这时，就会有人问，那相思豆做的手链等装饰品也有毒吗？不要担心，虽然这些豆子有剧毒，但是只要保证种皮完整，不把它吞到肚子里，它就不会影响我们的身体健康。

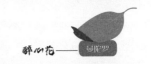

醉心花——曼陀罗

　　说起曼陀罗，大家对这个名字可能并不陌生，无论是宗教还是武侠小说都会经常提到这种植物。可是谁又真的了解它呢？

　　曼陀罗属于茄科曼陀罗属植物，在热带地区，曼陀罗能长成多年生的半灌木，在温带地区则是一年生的草本植物。它的花像一个小喇叭，美丽又可爱。野外的曼陀罗花大多是白色的，而栽培的曼陀罗还有紫色、黄色等多种颜色。果实成熟时会从顶部开裂为四瓣，撒出很多黑色的种子。

　　在梵语里，曼陀罗代表"本质""醍醐"等意思，可是真实的曼陀罗不仅不能如"醍醐灌顶"那样使人清醒，反而对人有麻醉的作用。三国时期，华佗发明了"麻沸散"，帮助人们缓解疼痛，这"麻沸散"其实主要就是由曼陀罗制成的。由于曼陀罗具有麻醉作用，所以人们还叫它"醉心花"。

　　尽管曼陀罗可以帮助人们减轻疼痛，但是曼陀罗全株都是有毒的，尤其是种子毒性最强。其主要有毒成分是莨菪碱、阿托品、东莨菪碱等生物碱，小儿内服 3~8 颗种子就可以中毒。毒性作用主要是对中枢神经先兴奋，后抑制，会使人出现精神错乱、产生幻觉、昏迷，重度中毒可致死。

　　现在，大家知道了曼陀罗的毒性，就千万不要把它的种子当作黑芝麻去品尝啦！如果不幸中毒，一定要及时送医治疗。

曼陀罗 *Datura stramonium* L.（荀一乔绘图）

植物砒霜——水仙

每逢春节，很多家庭都会购置水仙养在室内，让美丽的水仙花增加新年的氛围。

水仙长得很快，养在清水中的水仙鳞茎用不了几天就会抽出细长嫩绿的叶子，叶子中间抽出花茎，伞形花序有花 4~8 朵，花梗长短不一，花被管细，灰绿色，长约 2 厘米，花被裂片 6 片，白色，围绕着中心金黄色的副花冠，所以，人们也形象地叫它"金盏银台"。水仙花香气优雅，纯净可爱，是很多文人雅士的挚爱！水仙是石蒜科水仙属的植物，在我国有着悠久的栽培历史，也是我国传统的十大名花之一。水仙只需养在清水中，而不需土壤、肥料等，这也为它赢得了"凌波仙子"的美誉。

不过，也有一句歇后语叫作"水仙不开花——装蒜"。的确，水仙的鳞茎与大蒜、洋葱都比较相似。可是，它却不能像大蒜、洋葱一样食用，它是有毒的。之前，也确实出现过有的人由于水仙、大蒜分不清楚，错误地食用水仙鳞茎导致中毒的事件。水仙的毒性主要集中在鳞茎上，它的花、叶也有微毒，其中所含的水仙素和水仙碱均是有毒物质，用量超过 20 毫克就能致死，有"植物砒霜"的称号。中毒表现为明显的腹痛腹泻、恶心呕吐，严重时会出现血压下降，甚至休克、呼吸中枢麻痹，会危及生命。

不过，只要不吃水仙，就不会引起中毒，还有净化空气、增加空气湿度等作用。

水仙 *Narcissus tazetta* L. var. *chinensis* M. Roem.（荀一乔绘图）

别把我当野菜——藜芦

在我国各地山区生长着一种叶子很大的草本植物，它们在春季萌发出的基生叶具有平行的脉纹，并且抱拢在一起，就像大型的玉米幼苗，因而在民间常被称为"山苞谷"或"山苞米"。村里有经验的老人们会提醒孩子，别看它有这样的称呼，可千万别把它当成能吃的野菜，因为它的毒性很强，甚至可以毒死一头牛。它就是藜芦科藜芦属的植物——藜芦和同属的其他藜芦。

古人对藜芦早有详尽的认识，如几千年前的《神农本草经》中就记载："味辛，寒，有毒。"之后的《名医别录》《本草纲目》《本草经疏》也都强调其是有毒的。藜芦体内含有多种甾体类生物碱，毒理作用与乌头碱类似，属于神经毒素，对中枢神经及横纹肌有先兴奋后麻痹的作用，并对胃肠道有强烈的刺激性，中毒后表现为剧烈呕吐、流涎、大汗如注、视物不清、烦躁或意识不清，甚至昏迷、低血压、休克、呼吸抑制、心律失常、心肌损害、下肢瘫痪等症状，如果救治不及时会导致死亡。

看来对这个貌似野菜的植物不能掉以轻心，说藜芦貌似野菜，的确有几个可以食用的种类和它长得相似，最相近的就是石蒜科的植物——茖葱，但后者揉搓起来有强烈的葱蒜味，并且叶片十分柔嫩。这些特征仅供参考，最重要的是不要轻易将不认识的植物当成野菜采食。

藜芦的毒性很强，但是凡事都有两面性。其实，它的毒性经过

超级**危险**的植物

藜芦 *Veratrum nigrum* L.（荀一乔绘图）

适当处理后会减弱，从而成为中草药里重要的一员，具有降压和抗肿瘤的作用。从其体内提取出来的白藜芦醇有很强的抗癌活性，被誉为来源于草本植物的"紫杉醇"。

在全面认识了藜芦这种植物以后，再次碰到它们时人们不仅会怀着敬畏，或许还会有几分感激。

断肠草非草更无情——钩吻

断肠草，这个名字应该没有人不知道，小说里、电视剧里常常会出现它神秘的身影。断肠草难道只存在于故事里吗？其实，断肠草并不是某一种植物，有很多植物都被冠以"断肠草"之名。其中，最有名的应该是分布在华东与华南等省份的钩吻。

钩吻，是钩吻科钩吻属的植物，全株都有剧毒。误食后会很快出现胃灼热、头痛、恶心呕吐、腹痛不止等症状，一旦发现误食应尽快将误食者送往医院。据记载，误食钩吻后肠子会变黑、粘连，误食者也会因腹痛不止而死亡，所以，人们就把它叫作断肠草。相传，神农尝百草，最后就是因为食用了断肠草而中毒身亡的。

既然钩吻的毒性如此强烈，我们一定要了解一下它到底长什么模样！

钩吻是一种藤本植物，叶子对生，黄色的小花像小喇叭，一簇簇着生在枝头。而另一种很有名的植物——金银花，也是藤本，对生叶，有着喇叭一样的黄色小花。金银花可以用来泡茶，清热解毒，所以，常常有对这两种植物不熟悉的人误把钩吻当作金银花采回家泡茶饮用，导致中毒甚至殒命。

其实，钩吻与金银花是比较容易区分的。它们最明显的特征就是钩吻的花始终为黄色，花顶部的 5 枚裂片几乎等大而均匀排列；金银花则是开花初期为白色，后来则慢慢转化为黄色，并且顶部的细裂片常常是呈现二唇形。相信记住了这一点，大家就不会误把钩吻当作金银花沏茶了。

钩吻 *Gelsemium elegans* (Gardner & Champ.) Benth.（荀一乔绘图）

水边的鱼类"杀手"——鱼藤

豆类作物与人类生活息息相关，如绿豆、赤小豆、大豆、扁豆、豌豆等，很多种类都是人类生活常见的食物。不过，如果认为长豆荚的植物都能够食用，那就很危险了！

豆科中有毒的种类很多，下面这种堪称是豆科植物中最毒的，它就是鱼藤属的鱼藤和中南鱼藤等植物。鱼藤是一种大型的木质藤本植物，小叶 3~7 片排列成羽状，花序生在叶柄腋部，小花白色或粉红色，短小的荚果常在一侧有窄翅。鱼藤的近亲有 800 余种，主要分布于亚洲的热带和亚热带地区，我国南部至西南部分布有 20 多种。

鱼藤含有一种叫作鱼藤酮的神经性毒物，误食或者通过接触破损的皮肤都能引发中毒，主要症状为呕吐、腹痛、呼吸减慢、全身痉挛和肌肉震颤，最后中毒者会因呼吸中枢麻痹而死亡。

此外，其含有的鱼藤酮和鱼藤素，常被提取出来用以捕鱼或作杀虫剂，目前我国市场上有含鱼藤酮的农药供应。它在土壤中不到 20 天就能完全降解，并且在动物体内不富集，因此对环境的污染很小，不过，用来捕鱼时会大小通杀，破坏渔业资源，是被国家禁止使用的。

鱼藤 *Derris trifoliata* Lour.（荀一乔绘图）

同"狼群"一样可怕——狼毒

大家都听过大名鼎鼎的狼毒吗？曾到过草原或高原上的朋友们十有八九会看过狼毒花。狼毒的名字听起来就很有威慑力，其实有两种植物都叫作狼毒，接下来就分别介绍它们。

第一种是十分常见的，尤其是在退化的草原上，这一种就是瑞香科的狼毒。瑞香科的狼毒具有较大的根系和较强的吸水能力，在干旱寒冷的地区也能较好地生存，具有较强的生命力，其周围的草本植物较难生存。过度放牧使其他物种减少，此时狼毒乘虚而入导致狼毒泛滥。所以，在一些地方，狼毒已被视为草原荒漠化的"警示灯"。它的体内尤其是根部含有大量的狼毒苷、狼毒素等有毒化合物，如果药用不当就会引起中毒。中毒症状常表现为腹部疼痛、腹泻，皮肤接触会出现过敏性皮炎，并对眼部、食道有强烈持久的辛辣刺激。

第二种狼毒不太常见，是一种属于大戟科的草本植物。全草含有白色乳汁，皮肤接触后会出现水疱，误食可引起中毒，常伴有口腔及咽喉肿痛、恶心、呕吐、腹痛，严重时血压下降，产生眩晕和痉挛，并可导致休克甚至死亡。

这两种狼毒虽然分属两个不同的科，但是引起的中毒反应却有相似之处，在牧区几乎同"狼群"一样可怕和顽强，这应该就是狼毒这一名称的由来。

前者的根具有祛痰、消积和止痛的药用功效，外敷具有治疗

狼毒 *Stellera chamaejasme* L.（苟一乔绘图）

疥癣的功效；根是提取工业用酒精的重要原料；根和茎皮可用来造纸，造出来的纸张不会被虫蛀食。后者根也可入药，主治结核类、疮瘘癣类等疾病。从分布区的范围来看，前者即瑞香科的狼毒才是正品药用狼毒。如果错用狼毒，就会带来意想不到的危险！

花叶永不相见的彼岸花——石蒜

关于彼岸花有一个凄美的传说：在冥界的黄泉路上，开满了彼岸花，是黄泉路上唯一的风景，它的花香可以让人记起自己的前世。花妖曼珠和叶妖沙华负责守护这充满神秘的彼岸花。而彼岸花花与叶永不相见，所以花妖和叶妖守护了几千年，却从不曾相见，但他们非常想念彼此。终于，有一天曼珠和沙华违背了神的规定见了面，那年鲜红的彼岸花映衬着绿叶，分外美丽。然而，神怪罪了下来，把曼珠和沙华打入轮回，让他们生生世世遭受磨难，并且永远不能再相见。从此，彼岸花也叫曼珠沙华。

彼岸花鲜红如血，再加上关于它名字凄美的传说，让它总是充满了灵异的色彩。在日本，彼岸花带有死亡和分离的寓意，在丧礼中较为常见，又被称为死亡之花。然而，在中国，彼岸花因其鲜艳的色彩，在喜庆等环境中有时也可以看到。但是，要提醒大家的是，彼岸花虽然不是不祥的植物，但是它却是一种有毒的植物。

彼岸花其实就是石蒜科石蒜属的石蒜，它的花开在秋分前后，而民间又称秋分前后三天为"秋彼岸"，所以，石蒜也常常被称作彼岸花。彼岸花体内含有石蒜碱和水仙花碱等十多种生物碱，误食会引起呕吐、腹泻、痉挛等反应，过量食用会有生命危险。不过，只要谨记这美丽的花是用于观赏而绝非食用的，应该就不会有人中毒了吧。

石蒜 *Lycoris radiata* (L´Hér.) Herb.（荀一乔绘图）

毒死大师的罪魁祸首——毒芹

在我国北方地区的沼泽地、水流边常常生长着一种类似芹菜的植物。这种植物从茎到叶子再到花都与芹菜非常相像，人们根据它的形态特征形象地叫它"野芹菜"。

尽管"野芹菜"看上去很像芹菜，可是它真的名字却叫"毒芹"。毒芹，是伞形科毒芹属的植物，而芹菜是伞形科芹属的植物。它与芹菜虽同属伞形科，可是仅仅听到这个名字，就应该明白这个"野芹菜"不仅不能吃，还有毒。

可是，恰恰由于毒芹与芹菜相似的外貌，在野外，很多人误以为它就是野生在外的水芹菜，把它采来当作野菜食用，从而导致很严重的后果。水芹菜无毒可以食用，毒芹有毒。水芹菜生长在水边，无味，茎光滑；毒芹大多生长在地上，有恶臭，茎上有刺状白毛。水芹叶齿和茎细长，与芹菜相似；毒芹叶宽、短，有毒。毒芹是一种剧毒植物，植株体内含毒芹碱、甲基毒芹碱和毒芹毒素等，毒性非常强烈。毒芹中毒后只需短短几分钟就有可能丧命。一旦误食毒芹，不久就会发觉口腔和咽喉部具有烧灼感和刺痛感，并伴随恶心、呕吐、头痛、胸闷、乏力等症状，继则四肢无力、四肢麻痹（先下肢再延及上肢）、眼睑下垂、瞳孔散大、失声，误食者常因呼吸肌麻痹窒息而死，就连动物误食毒芹，也会导致死亡。

在古代希腊，著名的哲学家苏格拉底因"不敬神"和"腐化青年"被法庭判处死刑，面对判决，苏格拉底选择了饮用毒芹汁结束

毒芹 *Cicuta virosa* L.（荀一乔绘图）

自己伟大的一生，毒芹也因此而恶名远扬。

　　了解了毒芹特性后，一旦在野外碰到毒芹，千万不可以把它当作芹菜食用，而要对它敬而远之。

亦药亦毒——雷公藤

　　湖南岳阳有座"黄藤岭"，漫山遍野长着雷公藤，因其根皮黄色，也被称为黄藤。当地人轻生时，只需服下几枚嫩芽，就魂归西天。十几年前，有位被麻风病折磨得痛不欲生的青年，特地找到此山，采了一把雷公藤，煎服一碗，想以此了结生命。不料，服后青年上吐下泻，昏睡了一天，不但没有死，反而全身轻快，病痛去了大半。这个"绝处逢生"的故事启发了医生，他们试用雷公藤煎剂内服治疗麻风病，效果很好。

　　雷公藤是一种卫矛科雷公藤属的毒性很大的植物，但同时也具有很高的药用价值。的确，目前已发现雷公藤中含有450多种有机物成分，其中，主要毒性成分为雷公藤碱、雷公藤定碱等生物碱类和二萜类，它们可损害肝脏、胃肠及骨髓等，并造成进行性贫血。误食引起的中毒症状为恶心呕吐、腹痛、便血或休克，最后可因循环系统衰竭、急性肾功能衰竭而死亡。万一中毒，应该及时送医。

　　作为一种常用中药，雷公藤能够治疗风湿、红斑狼疮、银屑病、肾炎等多种疾病。研究表明，雷公藤内酯醇、雷公藤醌及一些萜类化合物是其主要的活性成分。现在，随着研究的深入，人们已经能够更加安全地使用这一药物来造福社会。

雷公藤 *Tripterygium wilfordii* Hook. f.（苟一乔绘图）

美丽也危险——羊踯躅

　　羊踯躅是一类重要的观赏花卉，花色丰富，生性顽强，在海拔3000米以上的高山上也能够茁壮生长，被誉为高山花卉之王。我国被称为"杜鹃花的故乡"，因为全世界近60%的杜鹃种类原产于我国，如果你有幸去过我国西南地区的高原雪山，你对这样的美誉就会有更加深刻的理解。在那里，春季的杜鹃花海壮美辽阔，映衬在蓝天、白云和雪山的背景下，让人感到无与伦比的纯净和赏心悦目。在节日里，形态和颜色各异的杜鹃盆栽花卉，也为周围增添了很多美丽的色彩。

　　但是，在饱览杜鹃美丽的同时，不得不提到羊踯躅和照山白等部分杜鹃花科植物体内含有的棱木毒素（也叫木藜芦毒素）等有毒成分。它具有扩张血管、降低血压的作用。目前的研究已经分离出了70余种此类化合物，可以直接作用于心脏，能增强心肌收缩力而导致心律失常，严重时能够抑制心脏跳动而导致死亡。

　　有研究人员做过实验，用照山白的树叶对绵羊进行喂饲，结果发现绵羊出现中毒反应。自然状态下，当牲畜误食量较大时，均会出现呕吐、血压下降、脱水和昏迷等中毒症状，1~3天后死亡，主要病理变化为器官淤血、出血和胃肠炎等。

　　了解了部分羊踯躅种类的毒性后，就不要再想着品尝它们的"美丽"，因为杜鹃的美丽也危险！

羊踯躅（杜鹃花属的一种）*Rhododendron molle* (Blume) G. Don（荀一乔绘图）

黑色魔法的配方——龙葵

　　大家都吃过野果，龙葵就是众多野果中的一种。如果对龙葵这个名字感到陌生，那么提到"黑天天""野茄子""苦葵"或"野辣虎"这些龙葵的别名，很多人就会立刻想起它的模样和味道。

　　龙葵，是茄科茄属的植物，在我国大部分地区都很常见。它是一种一年生草本植物，叶子像辣椒的叶子；白色的小花像个五角星，几朵小花簇拥在一起像一把小伞；黑色的果实又小又圆，就像是缩小好多倍的茄子。在野外，很多小朋友喜欢摘龙葵的果实来生吃，果实熟时黑色或者橙黄色，味道甜甜的带些葡萄的香气。龙葵的果实不仅可口，还有一定的抗癌作用，中医经常用它做药材给人治病，能散瘀消肿、清热解毒。

　　尽管成熟的龙葵果实美味可口，但值得注意的是，未成熟的龙葵果实和茎、叶里含有一种名为"龙葵碱"的毒性物质。这种生物碱能刺激和腐蚀胃肠道黏膜，麻痹中枢神经，对红细胞产生溶血，损害心肌等，并能导致孕早期小鼠胚胎致畸、突变或死亡，因此具有一定的胚胎毒性。中毒反应表现为口干舌燥、恶心、头晕、腹泻等，伴有心跳加快，严重时会心跳减缓、血压下降。在西方，人们认为龙葵是制备"黑色魔法"所必需的成分，可能是因为它会使人头晕目眩吧。不过，这样的传说没必要当真。

　　另外，在没有成熟的番茄和发芽的马铃薯里"龙葵碱"的含量也很高，食用它们时也要小心。

龙葵 *Solanum nigrum* L.（荀一乔绘图）

亲兄弟，道不同——莽草与八角

八角，也就是大料，是厨房里最常备的调料之一，每个人都不会陌生，可说到八角的亲戚——莽草，大家可能就不那么熟悉了。

莽草也叫野八角、红毒茴、醉药等，与八角都属于木兰科八角属，形态特征非常相似，算是亲兄弟，然而不同的是，八角可以作调料，而莽草却是剧毒植物，它还被称为"毒大料"。莽草全株有毒，果壳毒性最大，含有莽草毒素、莽草酸等有毒成分，人们常用它来毒鼠、醉鱼。但是，如果被人误当成八角食用，就会中毒并常在几小时内发病，出现恶心、呕吐、腹泻、头疼、晕眩、四肢麻木症状，严重的会昏迷，救治不及时会因呼吸衰竭而死亡。

莽草和八角的果实也都由数个果瓣排成辐射状，所以，会有人们误把莽草果实当作八角，作为调料使用而中毒。

既然莽草毒性这么大，又与八角非常相似，那么莽草和八角到底如何区分呢？可以这样来辨别莽草和八角：一是看一看。八角有7~9个角，角尖比较平缓；莽草有10~13个角，角尖上翘，一般有10个以上的角基本可以判断为莽草。二是再看一看。八角果实更加丰满，种子外露；莽草果实偏瘦，种子不外露。三是尝一尝。八角的味道偏甜，莽草味道则偏酸。

大家一定要牢记莽草与八角的这几个区别，亲兄弟，道不同，千万不能错把莽草当八角！其实八角的家庭里中，我国还有近30位有毒的"兄弟"，它们很多都像莽草一样毒性较大，要区分它们主要还是要通过上述的果实特征。

莽草 *Beckmannia syzigachne* (Steud.) Fernald（荀一乔绘图）

善于伪装——马桑

我国西南地区的春季荒野中，经常能够见到一种挂满多彩果实的木本植物，鲜红色或紫黑色的小浆果密密麻麻压满枝头，十分美丽。这么漂亮的果实很容易就能吸引孩子们去采摘品尝，而危险就会在这时悄悄降临，因为这种"果实"是有毒的！这种植物就是善于用美丽和味道伪装自己的马桑科马桑属的马桑。

为什么说它善于伪装呢？这个红色或者黑色肉质的"果实"其实是它的花瓣，而里面包着的瘦果才是它真正的果实；并且，这种花瓣特化的肉质小果实味道酸甜，这也是马桑伪装自己的一个方面。有了这些伪装技巧，就使它成为致人中毒的罪魁之一。科学研究表明，它肉质且多彩的花瓣里含有马桑内酯等毒素，这是一种毒性较大的生物碱。据统计，误食 10 克以上的马桑果实就能引起严重的中毒反应，中毒者常表现为恶心、呕吐，继之昏迷、抽搐等，中毒较深者会因脑水肿导致呼吸衰竭而死。

马桑常生于海拔 400~3200 米的灌丛中，果实成熟于四月底，因此在有该植物的省份大家一定要相互告诫，特别是要看护好儿童，避免误食和中毒事件的频繁发生。野外考察记录显示，马桑在云南、贵州、四川、湖北、陕西、甘肃、西藏等省份较为常见。

"可恨之物必有可爱之处"，马桑也是如此。马桑的根、叶均可以入药，有着祛湿、镇痛、杀虫的作用。它的根可用于治疗淋巴结

马桑 *Coriaria nepalensis* Wall.（荀一乔绘图）

结核，跌打损伤，狂犬咬伤，风湿关节痛；叶外用可治烧烫伤、头癣、湿疹、疮疡肿毒。此外，马桑可用作杀虫的土农药，是一种可自然降解的天然农药，前景广阔。

有毒空气净化器——绿萝

　　绿萝是天南星科麒麟叶属的一种常绿藤本植物，绿色的叶片上常常有金黄色的斑点，也叫黄金葛。绿萝枝叶常年碧绿，下垂的枝蔓美观大方，且生命力顽强，既可以在土壤中种植，还可以水培，好看又好养。即使是在光线较弱的办公室，它依旧能长得枝叶茂盛，藤蔓生长达数米，悬挂在窗子周围能给室内增添许多生机。

　　养在室内的绿萝，不仅美观，还能有效地净化空气，改善空气质量，在刚刚装修的房子里放置绿萝还可以吸收空气中的有害气体，真是绿色的"空气净化器"。但是，要知道的是，绿萝是用来观赏的，绝不是用来吃的。有婴幼儿的家庭最好不要种植绿萝，防止孩子玩弄、误食，因为绿萝是有毒的。绿萝植株内的汁液中含有草酸钙结晶，一旦碰到皮肤，会让皮肤又红又痒，如果不小心食用，还会使喉咙疼痛。尽管绿萝有毒，但是，对于这种室内观赏植物，无须"谈毒色变"而将它拒之千里。毕竟绿萝是用来观赏而不是食用的，只要不随便抚弄、食用，它非但不会威胁人类身体健康，还能帮助人类净化空气，美化居室环境。

绿萝 *Epipremnum aureum* (Linden & André) Bunting（荀一乔绘图）

有口难言——半夏

　　半夏，又叫作三步跳、药狗丹。其名称早在《礼记·月令》中就有记载："五月半夏生，盖当夏之半，故名"，意思是"半夏在农历的五月份采收，差不多在夏天过去一半的时候，因此而得名"。半夏是我国南北地区常见的一种多年生草本植物，可以入药，很多民间药方中经常用到。但自古以来，由于其味道辛辣，对口腔、喉咙和消化道黏膜等具有很强的刺激性，可引起一系列中毒反应，被列入有毒的中药。

　　关于半夏中刺激性成分具体是什么物质的说法不一，综合目前的文献看，主要集中在草酸钙针晶、蛋白类物质和生物碱类物质三种物质。其中，草酸钙针晶被认为是主要的刺激成分，它不溶于水和有机溶剂，加热也不被破坏。生半夏的毒副作用针对中枢及周围神经有抑制和麻痹的作用，对皮肤等黏膜也有腐蚀性，并会因刺激而引发相关的炎症。其中毒的现象经常是上腹感觉不适，口舌麻木、肿痛，四肢无力，恶心呕吐等症状，严重的时候，会导致意识不清、瞳孔放大，甚至可以造成心衰和休克。有的时候，服用过多的生半夏，会导致失声。

　　在《本草经集注》中有关于半夏中毒解救方法的记载："半夏毒，用生姜汁，煮干姜汁并解之。"现代的医学研究也表明，如果半夏中毒，可以用一定量的生姜进行解毒，会有效地减轻中毒的症状。

半夏 *Pinellia ternata* (Thunb.) Makino（笋一乔绘图）

生态杀手——加拿大一枝黄花

在花店里，有一种名为"幸福草"的切花，细碎的黄色小花密密地穿成串，作为花束的点缀，温馨又可爱。其实，它真正的名字叫作加拿大一枝黄花，是菊科一枝黄花属的植物。比起同属的中国一枝黄花，加拿大一枝黄花花序更大、更鲜艳，植株更为高大，适应性更强，容易种植，是一种很受欢迎的鲜切花植物。20世纪30年代，人们开始将原产于北美洲的加拿大一枝黄花作为观赏植物引入中国，它凭借强大的繁殖能力很快扩散到野外，成为我国华东、华中、华北、东北和西南等地区的常见杂草，并有可能进一步扩散。

加拿大一枝黄花的扩散蔓延并不像它的别名"幸福草"那样给人带来幸福，相反，它是名副其实的"生态杀手"，会对生态环境造成很大的危害。它的果实和根状茎都可以繁殖，果实小而轻，传播能力极强，而且每株可产2万多粒种子并可随风传播繁衍，条件合适时萌发并能在4个月内长到1米以上；它适应能力强，无论环境好坏都能生存；它还抢夺土壤中的养料，并释放黄酮类等物质，使其他植物无法生存，农作物或绿化灌木一遇上它便成片死亡。另外，它夏秋季开花，持续时间长，大量的花粉可能引起花粉过敏。

由于它对环境的危害巨大，已经给浙江、安徽、江苏、江西等多个省份当地的生态系统造成了较大影响，目前，人们主要采用人工拔除并焚烧、喷洒除草剂等方法来控制它的传播，但收效并不显

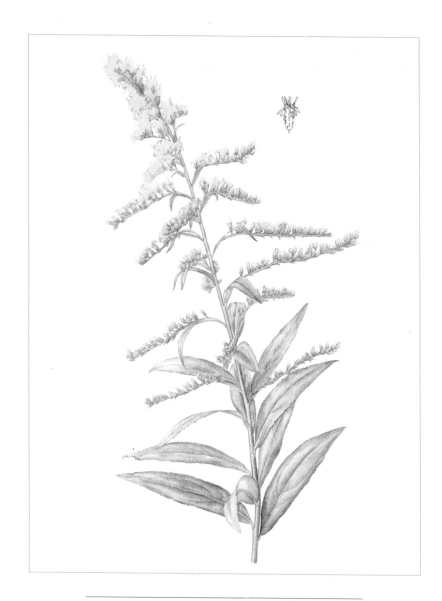

加拿大一枝黄花 *Solidago canadensis* L.（苟一乔绘图）

著。科学家们也做了很多科学实验，希望能够变废为宝，发挥它的药用价值，同时也在寻找能够抵抗它的本土植物，目前已经有了可喜的发现。

加工不当可能引起中毒的蔬菜——菜豆

　　前面讲了这么多有毒的植物，其实真正引起中毒事件最多的要数菜豆，在我国每年有多达上百起的食用夹生四季豆而中毒的案例报道。菜豆是豆科菜豆属的一种栽培很广的作物，又叫四季豆、扁豆、刀豆等，原产于美洲，它的嫩荚或种子供蔬食。由于培育历史悠久，现在的菜豆品种有超过 500 个，它们植株的形态、花的颜色和大小、荚果及种子的形状和颜色均有较大的差异，口味也不同。

　　菜豆是一种一年四季都被广泛食用的蔬菜，虽然其身影在餐桌上十分常见，但是不当的烹煮方式会引起中毒。据研究，菜豆主要含皂素和血球凝集素等天然毒素，皂素存在于豆荚中，血球凝集素在豆粒中常见。前者对消化道黏膜有很强的刺激作用，后者具有凝血作用。这两种物质会引起人体组织的一系列消化系统和循环系统症状。相关研究和资料表明，这些毒素只有被加热到 100 摄氏度并持续一段时间后，才能被破坏殆尽。如果烹饪时间短，这些毒素没有被去除就很容易引起中毒反应，常表现为头晕、恶心、呕吐和腹泻等胃肠炎症状。如果治疗及时，大多数病例在 1~2 天内可以恢复。但是，如果烹饪得当，则完全可以避免中毒事件发生。

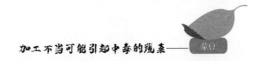

菜豆 *Phaseolus vulgaris* L.（荀一乔绘图）

服药遵医嘱——苍耳

很多人可能使用过治疗鼻炎的中药制剂，那么这里讲到的苍耳子就是中医临床治疗中鼻科常用药，尤其多用于治疗慢性鼻炎、慢性鼻窦炎等。苍耳子有小毒，属传统记载的有毒中药，是由苍耳的果实炒制而成。有研究表明，苍耳子尤其是生苍耳子会损伤器官，尤其对肝脏和肾脏的影响较为严重。

苍耳子中毒多在服药 1~3 天后发病，生苍耳子中毒则较快，吃后 4~8 小时发病。中毒症状也很多样，轻者恶心、头痛、腹痛、浑身乏力，严者会嗜睡、昏迷、肝脏受损，更甚者会因肾脏受损、呼吸衰竭而死亡。民间土方中有很多用到苍耳子的，服用过量导致中毒甚至死亡的案例经常出现。大家在认识了这种植物以后，对于含有苍耳子的药物一定要遵循医嘱慎重服用，一旦出现中毒症状要及时就医！

此外，除了药用外，苍耳的种子含油量也很高，可用来制油漆，或作油墨、肥皂、油毡的原料；又可供制硬化油及润滑油。

看来有毒或有害只是苍耳特性的一个方面，只要善加利用，同其他有毒植物一样，苍耳在很多方面都有用途！

苍耳 *Xanthium sibiricum* L.（荀一乔绘图）

会致癌的山珍——蕨

在潮湿的林间山野，生长着一种非常受人喜爱的山珍野菜——蕨。由于其生长在野外，一直被认为是安全无污染的绿色美味，并且它富含多种维生素，加上清香的口感和清肠健胃、舒筋活络的食疗作用，堪称"山野菜之王"。

蕨属于蕨科蕨属植物，不同于常见的大部分花草树木，它们不开花结果，而是靠细小的粉末状的孢子来繁殖后代。蕨菜初生的叶子毛茸茸的，卷曲着还没有舒展开来，因此被称作拳头菜。它幼嫩的叶片经过烹饪，口感清香，美味爽口；从根中提取出的淀粉可以制成蕨根粉，并可烹饪出可口的菜肴。

长久以来，人们都被它的鲜美迷惑了，其实，早在20世纪80年代，人们就发现蕨菜里含有一种名为"原蕨苷"的致癌物质，而在所吃的蕨菜嫩叶里含量最高。牛食用过多原蕨苷会出现骨髓损伤，而羊则会失明。日本学者调查发现，在日本中部山区，经常吃蕨菜的男性的食道癌发生率是常人的2.1倍，而女性则是3.7倍。此外，即使是经过加工烹饪，也不能完全去除蕨菜中的原蕨苷。所以，有专家建议大家还是少吃蕨菜为妙。面对美味的蕨菜时，人们再不要过分地贪吃，就让这些绿色可爱的精灵们自由安静地在山林中生长吧！

蕨 *Pteridium aquilinum* (L.) Kuhn var. *latiusculum* (Desv.) Underw. ex A.
Heller (L.) Kuhn（荀一乔绘图）

白果美味但不要贪吃——银杏

银杏是银杏科银杏属的裸子植物，不仅是植物界的"活化石"，在观赏、药用等方面也都有很高的价值。

银杏不仅美丽，在园林绿化上应用广泛，而且它的种子——白果也有很高的药用价值。医学上，白果有缓解哮喘、润肺、祛痰等作用。白果不仅能入药，还可以食用，江苏泰兴的"椒盐白果"和四川青城山的"白果炖鸡"都是当地有名的美食。既然白果又能入药又能食用，为什么还要说它危险呢？

其实，白果虽然能食用，但是它有小毒，尤其是绿色的胚中含有的有毒物质较多，主要是氢氰酸，毒性很强。生吃白果很快就会出现发热、呕吐、腹痛等症状，严重者甚至会因呼吸衰竭而死亡。尽管烹饪后的白果毒性会有所降低，但仍不能过量食用。另外，白果毒对儿童的影响更大，年龄越小越容易中毒，通常儿童食用 10 粒以上白果就可能引起中毒，所以婴幼儿更应该避免食用白果。一旦发生白果中毒，要对中毒者立即催吐，并送往医院诊治。

看来，白果虽然美味又营养，但是千万不可以贪食，否则会得不偿失。

银杏 *Ginkgo biloba* L.（荀一乔绘图）

槐花可食还是不可食——槐与刺槐

　　槐是在北方地区最常见的树之一，无论是小庭院还是街道边都能经常看到槐的身影。槐对空气中的二氧化硫、氯气等有害气体和烟尘的抗性很强，是良好的绿化树种；还有一定的经济与药用价值，是优良的蜜源植物；其种子可供榨油，花、果、枝、叶均能入药。另外，我国自古将槐视为幸福树、吉祥树，北京、大连、石家庄等城市纷纷将槐作为当地的市树，广为种植。

　　槐是豆科槐属的植物，人们也常常叫它国槐。"国槐"一名是怎么来的呢？原来，槐树还有一个近亲，叫洋槐，也就是刺槐，通常吃的槐花就是指洋槐的花。洋槐的老家在北美洲，而国槐才是我国地地道道的本土种。

　　这时候就有人好奇了，国槐和洋槐有什么区别呢？国槐和洋槐都是豆科植物，不同的是，国槐属于槐属，洋槐属于刺槐属；国槐枝条没有刺，枝干粗糙，洋槐的复叶基部有一对托叶刺；国槐的花期在 6~7 月，可以持续 2 个月左右，花朵比洋槐的花朵小，花色为淡黄色，洋槐的花期在 4~6 月，可以持续开放 3 个月，洋槐的花比国槐的花大，开花满树洁白；国槐与洋槐都是羽状复叶，国槐的小叶卵状长圆形，洋槐的小叶是卵状椭圆形，先端圆或者微凹；国槐果期在 8~10 月，果实串珠状，成熟之后黑褐色，洋槐果期在 8~9 月，果实是扁平的荚果。

　　国槐的花、叶、茎皮和果实含芸香苷、槐花二醇，有毒，人误

槐 *Styphnolobium japonicum* (L.) Schott（荀一乔绘图）

食中毒后会出现面部浮肿，皮肤发热、发痒等症状；它的叶和荚果还会刺激肠胃黏膜，人误食中毒后会产生疝痛和下痢。洋槐的花可以食用，是人们常食用的槐花，所以，学会如何区分洋槐与国槐有一个重要的作用，就是避免误食国槐的花。此外，居住在城市的人们采食的国槐花通常来自路边、公园的国槐，这些地方种植的树木常常会喷洒农药，这就使本来就有毒性的国槐毒性大增。所以，提醒大家还是不要食用国槐的花。

食之不易——魔芋

魔芋粉、魔芋豆腐这些都是很多人爱吃的美食，魔芋古名"蒟蒻"，是天南星科的一种多年生高大草本植物，自陕西、甘肃、宁夏至江南各省份都有，生在疏林下、林缘或溪谷两旁湿润地，并常同其他高大的农作物混种。

现在，我国已经成了魔芋种植量最大的国家，很多地方都会食用魔芋食品，尤其是川、滇、桂、鄂等省的民众。魔芋不仅好吃，而且它所含的热量极低、植物纤维丰富，是非常理想的减肥食品，日本人称它为"胃肠清道夫"。魔芋还能入药，用来治疗高血压、高血糖、高血脂等病症。

然而，魔芋体内含有草酸钙针晶等，全株有毒。块茎毒性最大，新鲜的块茎有刺激性辛辣味，直接生食后会引起舌、喉灼热、痒痛、肿大。民间通常用醋加少许姜汁内服或含漱，以减轻中毒症状。生的魔芋必须通过磨粉、蒸煮、漂洗等过程，经过层层加工才能脱毒。人们常吃的魔芋豆腐，就是经过石灰水处理后制作的，而制作魔芋豆腐剩余的残渣也是有毒的，决不能用来品尝。看来，好吃的魔芋真是来之不易，只有经过工人们勤劳的加工才能得到。

魔芋食品带来的好处实在是太多了，如果能够去除它的毒性就完美了！

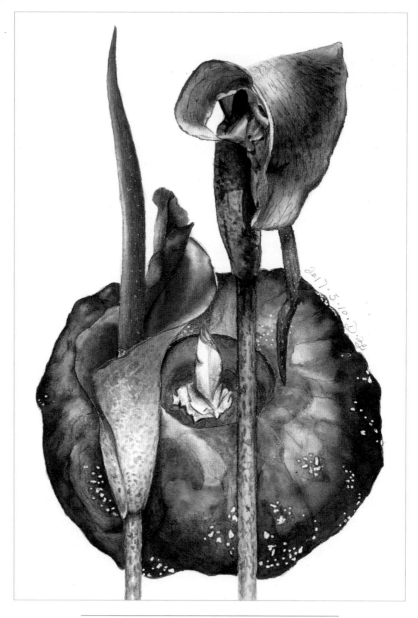

魔芋 *Amorphophallus rivieri* Durieu（戴越绘图）

远不止泻药这么简单——巴豆

　　巴豆这个名字想必大家都听说过，在电视剧里，经常有人把巴豆当作泻药去害人，人们吃了巴豆后会"腹泻不止，寸步难行"。那么，巴豆到底是什么样的植物呢？为什么有这种神奇的功能？

　　巴豆不属于豆科，而是大戟科巴豆属，这个属在全世界有近800个家庭成员。巴豆是这个家族中十分常见的一种，在我国浙江及华南、西南等地以及东南亚各国都有它的身影。

　　其实它是一位十足的凶险分子，因为它全株含有巴豆醇、毒蛋白及生物碱等有毒物质，而毒性最大的就是种子。食用巴豆的种子会引起消化道刺激症状，除灼烧感外还会引起恶心、呕吐、上腹部剧痛、剧烈腹泻，严重者会便血、头痛、头晕、脱水、呼吸困难、痉挛、昏迷、肾损伤，救治不及时中毒者最后就会因呼吸及循环衰竭而死；另外，孕妇食用巴豆后会导致流产；用其种子榨的"巴豆油"，仅仅20滴就会致人死亡；皮肤接触巴豆可能引起炎症等。看来，巴豆并不仅是泻药而已，它的毒性要比传言的强烈很多，大家千万不要随意服用！

　　在民间，人们会煮大豆汁，或者用芭蕉叶榨汁服用以缓解巴豆中毒，但是，最重要的还是及时把中毒者送往医院治疗。

　　像很多有毒植物一样，巴豆的用途也颇多，巴豆油可以用于工业及制作泻药，外用可治疗恶疮、疥癣等；巴豆的根、叶可以入药，治风湿骨痛，还能作杀虫农药。看来只要善于利用，有毒植物的身上都有宝藏！

巴豆 *Croton tiglium* L.（荀一乔绘图）

草药中的肾脏杀手——马兜铃

20世纪末，国外的医学家们开始认识到被称为"中草药肾病"的危害，严重的患者不得不通过医疗仪器终生进行血液透析治疗才能保命，十分痛苦。深入研究表明，这种严重的肾病是由含马兜铃酸的植物草药制品导致的，而后，很多国家才相继出台了对此类草药的限制政策。那么都有哪些植物含有马兜铃酸，而它又是如何致病的呢？

原来含马兜铃酸的植物很多，其中以马兜铃科的马兜铃属植物为主，这个属有300余种，广阔的热带和温带地区几乎都是它们的家园。它们中有多种是传统中草药，如木通马兜铃的茎入药称"关木通"，马兜铃、北马兜铃和木香马兜铃的果均称"马兜铃"，茎称"天仙藤"，以及广防己等都是。对于这类的草药，我国早有明确的剂量限制，《中华本草》规定的安全范围成人一般在3~6克，这是有道理的，因为最新研究表明，人体肝脏内有一种能够清除体内马兜铃酸的还原酶，能有效解毒。然而，过量的马兜铃酸会超出人体的解毒能力并使毒素在体内蓄积，进而毒害肾脏。

下面，通过几个案例了解这种毒害的发现过程。1993年，比利时的医学家发现，有2例患有肾炎的年轻女性患者在病前接受过同样的减肥治疗，经调查发现，她们长期服用了含有广防己粉的减肥制剂胶囊。扩大调查范围后发现，多数出现肾功能异常的患者都曾经服用过类似的药物，并且5年内，服用这种制剂而出现严重肾

马兜铃 *Aristolochia debilis* Siebold & Zucc.（荀一乔绘图）

功能障碍的增加到 70 例，其中，更有 30 例恶化为晚期肾衰竭。

同样的事情也发生在日本。1998 年，两名女性因服用一种叫作 KM–38 保健草药颗粒而患上了慢性肾功能不全，且不得不接受频繁的透析治疗。

这样的惨剧也发生在中国。1994 年，一患者因风湿性关节炎，擅自取关木 50 克，用水煎 2 次服用。第二天又服用了 15 克，2 天后尿量开始减少并逐渐加重，到第六天开始呕吐，第八天的时候尿量减少到每日 50 毫升，后经诊断为急性肾功能衰竭后死于尿毒症。因为木通的催乳功能，导致我国的木通中毒死亡事件多发生在产妇身上。

以上的悲剧警示人们，服用这类草药时一定要特别小心，并遵从医嘱，因为它们是肾脏的杀手，一旦使用不当就很可能毁了身体！我国已经在近年出台了相关规定，对于此类中草药的管理将更加严格，这是一种进步。

双面"侠客"——蝙蝠葛

大家对蝙蝠侠十分熟悉,却不知植物中也有类似的大名,没错,这就是叶子形状酷似蝙蝠翅膀的蝙蝠葛。它是一种防己科蝙蝠葛属的藤本植物,在我国北方十分常见,但以东北、华北及华东为主。其根茎是传统的中草药,被称为北豆根,主要功效为清热解毒和祛风止痛,用于风湿痹痛、咽喉肿痛、肠炎痢疾等疾病的治疗,还能抗肿瘤、治疗高血压及肝炎等病症。看来在治病救人这一方面,蝙蝠葛确实有几分"侠客"的本色。

但是,如果使用不当,就会被这位"蝙蝠侠"给点脸色,遭受中毒的痛苦!有"封药榜"之称的《中华人民共和国药典》(2010年版)中记载,蝙蝠葛有小毒,这位"侠客"体内含有多种生物碱,如蝙蝠葛碱、青藤碱等,真是"成也生物碱,败也生物碱"。据报道,它的提取物能够导致实验条件下的肝肾细胞受损,并且动物实验表明,蝙蝠葛碱能够造成脏器的功能异常和轻微的肝脾损伤,不过停药2周后,这些损伤能够自动恢复。

蝙蝠葛的果实熟时蓝黑色,这可能会给人一种想品尝的诱惑,但尝试一小口后就会因为苦涩而放弃,也基本不会像吃马桑果实那样导致中毒。不过,服用含有北豆根的中药时可千万要小心,切忌超量。如果出现恶心、呕吐,或者腹胀、腹痛、心跳加速等症状就意味着可能被毒到了,应该停止服用并立即就医。

蝙蝠葛 *Menispermum dauricum* DC.（荀一乔绘图）

泛滥成灾——凤眼莲

在遥远的巴西，有一种名为凤眼莲的水生植物，它属于雨久花科凤眼莲属，这种植物又名凤眼蓝、水葫芦。凤眼蓝的叶子碧绿碧绿的，紫色的花儿排成一串儿，6 片花瓣中的一瓣上有一个被淡蓝色包围的黄色斑点，很像凤眼、耀眼、美丽，所以人们叫它凤眼莲。更有特色的是它的叶柄像一个小葫芦，里面装满空气，帮助它漂浮在水面上，所以，人们还叫它水葫芦。

说到凤眼莲，大家可能都会有些印象，这种植物好像不仅仅长在巴西，我国的华中、华南等地区也有，而且泛滥成灾。这是怎么一回事呢？

水葫芦原本生活在巴西，由于它的花非常美丽，所以 20 世纪初，人们将它作为观赏植物引种到中国。养在花盆里的凤眼莲跑到了野外生长也非常旺盛。后来，到了 20 世纪 50~60 年代，由于粮食匮乏，生长旺盛且能作禽畜饲料的凤眼莲引起了人们的注意，所以，它又再一次得到了更为广泛的种植。

然而，凤眼莲的第二次推广不仅没能解决问题，反而导致了一场灾难。逸生出的水葫芦在南方的很多水域大量繁殖，它们夺取营养与阳光，使其他的水生植物难以生存，造成水质恶化，消耗大量的水中溶氧，使水中的鱼类大量死亡，严重破坏水生生态系统，影响生物多样性；堵塞河道，使船舶不能通行，影响航运；吸附水中的重金属污染物，死亡后沉入水中造成二次污染。在美丽的滇池、

凤眼莲 *Eichhornia crassipes* (Mart) Solms（荀一乔绘图）

太湖等地，都曾因为水葫芦的蔓生引发过严重的生态危机，即使花费大量的人力物力也无法根治。

　　凤眼莲给生态环境、经济社会带来了这么大的危险，但目前控制方法还十分有限。希望随着时间推移，科学家能够找出更为科学有效的途径来防治凤眼莲，让它变废为宝，不再危害人类的生存环境。

毒品源植物——草麻黄

草麻黄是一种具有 4000 多年历史的传统中药材，属于麻黄科麻黄属裸子植物。这里不说它的药理作用，而是要聊一聊它的危害。草麻黄含有一种有显著中枢兴奋作用的生物碱——麻黄素，这是一种危险的精神药品，长期使用可引起严重的依赖性及耐受性。

冰毒想必大家都听说过，而麻黄素就是制造冰毒的前体。冰毒即甲基苯丙胺，是一种外观看着很像冰的透明结晶体。少量使用该药有刺激神经、使人兴奋而不觉疲劳的作用，因此冰毒又被称为"大力丸"。

由于冰毒有较强的短时间内使人兴奋的作用，在"二战"时日本侵略者的士兵为提高战斗力会服用冰毒。20 世纪 50 年代，在我国冰毒被称为"抗疲劳素片"。1957 年，重庆等地方为了提高生产效率，工人开始服用"抗疲劳素片"，后来经证明其是去氧麻黄素。1962 年，在我国部分地区也出现过冰毒滥用的现象，后被国家禁止。

冰毒属于苯丙胺类兴奋剂，是新型合成毒品。苯丙胺类药物具有强烈的兴奋作用，其应用于临床不久就开始被滥用，自 1932 年起，有人通过吸食此类药物来寻求感官刺激。冰毒因具有见效快、药效维持时间长的特点，其蔓延速度极快。1996 年 11 月 25 日，由联合国禁毒署举办的国际兴奋剂专家会议在上海召开，会议一致认为苯丙胺类兴奋剂将逐步代替 20 世纪的常用毒品（如鸦片、海

草麻黄 *Ephedra sinica* Stapf（荀一乔绘图）

洛因、大麻、冰毒、可卡因等），成为 21 世纪世界上滥用最广泛的毒品。

滥用苯丙胺类兴奋剂会使人处于强烈的兴奋状态，具体表现为兴奋过度、冲动易怒、体重减轻、精神异常等症状，被称为苯丙胺精神病，又名妄想障碍。同时，会出现一系列其他因滥用引起的感染性并发症，如肝炎、败血症、性病和艾滋病等。使用过量则会导致急性中毒，表现为焦虑不安、烦躁易怒、头昏、惊厥、寒战、心律不齐、腱反射亢进等症状，患者会产生偏执性幻觉或处于惊恐状态，甚至还会有自杀或杀人的倾向。

苯丙胺类药物在我国禁止生产，在临床上严禁使用。我国所有与苯丙胺类毒品有关的案件均涉及境外贩毒集团。冰毒对社会和个人具有严重的危害，《中华人民共和国刑法》对相关内容给予了明确规定，不仅中国，世界各国均对此类毒品持严厉打击的态度。近年来，多起香港、台湾贩毒集团在大陆非法生产、走私和销售冰毒的案件被我国广东和福建等地的公安机关破获，给了国际制冰毒和贩冰毒的犯罪活动有力的打击。

风湿不要土方治——瓜木

瓜木，别名八角枫、白锦条、麻桐树、八筋条、山药黄、猪耳桐药等，是山茱萸科（有些早期的书中归在八角枫科）八角枫属的一种落叶小乔木或灌木，在我国分布很广。瓜木对治疗风湿麻痹、四肢麻木、跌打损伤、心力衰竭、劳伤腰痛等有良好的功效。但是，因为其含有八角枫碱，主要是毒藜碱等物质，有松弛横纹肌作用，使用不当能够引起中毒，严重时使用者会因呼吸抑制和循环衰竭而死亡。

江西有一位刚满 27 岁的男子，因为劳累而患上了背痛的毛病。他的舅舅是当地的土郎中，为他采了很多新鲜的瓜木须根，并叮嘱他水煎服但一定不能多吃，最多不超过 50 克。但他的妻子不知道用量，一次煎了 250 多克，喝了没多久男子就表现出头晕、视物不清及烦躁等，而后突然晕倒，送至医院时已经没有了生命体征。

瓜木中毒的病例往往是因为使用量过大。外科手术上常用八角枫碱来配合麻醉剂使用，起到松弛肌肉的作用，但如果用量稍大也会导致病人呼吸受抑制的现象，应快速进行气管导管给氧，数分钟内病人可恢复正常。民间有用萝卜子煎服解毒的，不过对其有效性还存有疑问。

瓜木 *Alangium platanifolium* (Siebold & Zucc.) Harms（荀一乔绘图）

百病不侵——商陆

商陆是一味传统中草药，多用于治疗逐水消肿、通利二便、解毒散结，以及外治痈肿疮毒。因为商陆具有毒性，所以它属于非常用药物。其常用量一般内服 2~6 克，外用也要适量。若过量服用，在 20 分钟到数小时之内会出现恶心、呕吐、头痛、腹泻、躁动、肌肉抽搐、语言不清等症状，严重者会出现瞳孔散大、昏迷、心脏功能受损和呼吸抑制的症状，甚至死亡。孕妇服用后会有流产的风险。商陆全株，尤其是根部，含有商陆碱、商陆皂苷等多种有毒成分，它们是引起中毒的罪魁祸首。

在野外，商陆可谓百病不侵，十分顽强，原来它的体内还含有一些对抗病毒和细菌的蛋白质，科学家们利用这一特点，把相关的特性移植给油菜，并已经获得成功。此外，它还可用于提取治疗血小板减少、紫癜、慢性气管炎等病症的煎剂；在农业上还能用于新型农药的生产。看来真是"草"不可貌相！

全面认识了一种有毒植物之后你就会发现，它并没有想象的那么可怕，而且如果能善加利用，还可以用来对抗可怕的病魔！

商陆 *Phytolacca acinosa* Roxb.（荀一乔绘图）

99

海滨的毒果王——海杜果

　　在我国华南及台湾的沿海红树林中，生长着一种美丽的木本植物，它们叶色深绿，树冠优美，花极多而芳香，现在有些公园及绿地也有栽培。大型的球状核果长达 8 厘米，成熟时颜色鲜艳，与绿色的幼小果实相映成趣。不过，千万别被它美丽的外表迷惑了，这就是传说中的毒果王——海杜果，属于夹竹桃科海杜果属。

　　它的种子中含有大量的海杜果碱、毒性苦味素、生物碱、氢氰酸等，毒性十分强烈，人、畜误食中毒的表现为腹痛、呕吐，之后常表现为烦躁不安、神志不清、四肢冰冷直至脉搏停止。曾有文献报道，一粒重约 2 克的种仁可以毒死 30 只老鼠，看来它的毒性比毒鼠强这类化学毒药还要强劲。而对于人来说，1~2 粒种子就能引起中毒反应，这毒果王真是名不虚传！如果通过本书你记住了这种植物，再去南方海滨的时候一定要小心，见到它漂亮的果实也千万别动心动手！

　　同其他有毒植物一样，海杜果也有一些十分友好的用途，例如，它的树皮、叶、乳汁能制药剂，有催吐、下泻的效用。此外，海杜果也是一种较好的防潮汐树种，并可在庭院、公园、道路绿化带、湖旁周围栽植观赏。

海杧果 *Cerbera manghas* L.（茼一乔绘图）

参 考 文 献

艾洪莲，罗庆辉，王文祥，等，2016. 药用植物直缘乌头花部特征和繁育系统研究 [J]. 中南民族大学学报（自然科学版），35（4）：60-63.

白奎，丁玉璞，王金宝，等，1987. 绵羊黄牛和驴的照山白中毒试验报告 [J]. 莱阳农学院学报（2）：58-66.

鲍志东，叶晨，黄欣，2001. 马兜铃属植物的肾毒性 [J]. 国外医学（中医中药分册）（5）：259-269.

曹滢，秦晴，李钟全，2004. 香格里拉：美丽背后的隐忧 [J]. 人与自然（3）：54-61.

曹丹丹，赵宝玉，路浩，等，2014. 甘肃天祝天然草地毒草灾害调查 [J]. 动物医学进展，35（10）：56-60.

常亮，2019. 观赏夹竹桃的栽培方法及在园林景观中的应用探究 [J]. 南方农业，13（35）：54-55.

朝格巴特尔，赛吉日乎，2005. 毒芹中毒死亡的报告 [J]. 畜牧兽医科技信息（3）：27.

陈怀斌，2019. 肃南县草原狼毒草危害现状、分布、防除与开发途径探讨 [J]. 畜牧兽医杂志，38（5）：39-41.

陈辰，刘鹏，2010. 八角茴香与莽草实的鉴别 [J]. 山西中医，26（8）：44-45.

陈晗雯，何富乐，2018. 辨一辨洋槐与国槐之花 [J]. 健康博览（8）：32-33.

陈立成，任希全，刘晓温，2003. 冰毒及其危害 [J]. 中国医师杂志（4）：568-571.

陈佩香，2020. 洁白的铃兰花 [J]. 芒种（5）：75-84.

陈少萍，2019. 滴水观音栽培管理 [J]. 中国花卉园艺（20）：48-49.

陈世铭，高连永，1996. 急性中毒的诊断与救治 [M]. 北京：人民军医出版社.

陈星，李敏，2020. 罂粟属花卉 [J]. 生命世界（6）：94-95.

陈彦洁，2019. 鱼藤素致体外神经毒性及相关作用机制探究 [D]. 广州：华南理工大学.

邓叶艳，2019. 夹竹桃（外一首）[J]. 诗林（3）：44.

丁锦平，王素平，张明月，等，2017. 8 种室内观赏植物对甲醛吸收能力及耐受性研究 [J]. 商丘师范学院学报，33（6）：41-44.

董平，2008. 魔芋食用应去毒，时尚食品原是药 [J]. 中国社区医师（8）：42.

邓磊，汪敏，2022. 野菜 VS 毒草，傻傻分不清楚 [J]. 恋爱婚姻家庭（4）：44.

窦剑，高福洪，秦亚龙，2017. 剧毒树种：见血封喉掠影 [J]. 花卉（15）：8-9.

杜士杰，朱文，2006. 海杧果的毒性研究及其开发利用 [J]. 亚热带植物科学（4）：79-81.

樊超，唐立郦，姚洪泉，等，2015. 绿萝的应用价值及发展前景 [J]. 黑龙江农业科学（8）：156-158.

范绥绥，摄影老徐，2019. "荒木经惟·花幽"邂逅"情色大师"的另一面 [J]. 摄影之友（6）：122-127.

方良，吴志华，2021. 我国见血封喉适生区的气候特征分析 [J]. 热带作物学报，42（2）：1-11.

风语，2005. 夺命植物"见血封喉" [J]. 浙江林业（12）：40-41.

甘加俊，2019. 鱼藤对红树林的危害及管理探索 [J]. 环境与发展（10）：222-223.

高珊，唐蕾，赵伟国，等，2020. 止痛擦剂中新乌头碱、次乌头碱和乌头碱含量测定研究 [J]. 今日药学，30（9）：616-619.

高月，肖小河，朱晓新，等，2017. 马兜铃酸的毒性研究及思考 [J]. 中国中药杂志，42（21）：4049-4053.

巩江，倪士峰，邱莉惠，等，2009. 龙葵素的药理、毒理及药用研究 [J]. 安徽农业科学，37（9）：4108-4109.

巩红冬，李彪，2015. 甘肃瑞香科有毒植物资源调查研究 [J]. 园艺与种苗（10）：23-24.

郭芳，李海涛，李婷婷，等，2019. 西双版纳野生有毒植物资源调查研究 [J]. 西北植物学报，39（11）：2082-2087.

郭碧花，2018. 中国水仙的应用现状及前景探究 [J]. 中外企业家（3）：124.

郭东文，郑继旺，1998. 认识冰毒远离冰毒 [J]. 中国药物滥用防治杂志（4）：14-17.

郭丽珠，赵欢，吕进英，等，2020. 退化典型草原狼毒种群结构与数量动态 [J]. 应用生态学报，31（9）：2977-2984.

国家药典委员会，2010. 中华人民共和国药典（2010 年版）一部 [M]. 北京：中

国医药科技出版社 .

国家中医药管理局《中华本草》编委会，1999.中华本草 [M].上海：上海科学技术出版社 .

韩金潭，刘群，孙翠翠，等，2015.不同剂量绿萝花对组织器官抗氧化能力的影响 [J].黑龙江畜牧兽医（21）：24–28.

韩士奇，庄莉彬，2016.相思滋味问红豆 [J].福建林业（6）：34.

郝继先，1988.浅谈巴豆中毒与治疗 [J].吉林中医药（2）：37.

郝经文，2019.蕨菜中原蕨苷的提取及加工过程中含量变化研究 [D].合肥：安徽中医药大学 .

何铜陵，2017.相思子 [J].幸福（23）：61.

胡世文，罗静，况刚，等，2020.长江三峡地区乌头属药用植物资源分布及其综合利用研究 [J].中药材，43（9）：2137–2140.

胡树慧，2001.苍耳的利用价值 [J].特种经济动植物，4（6）：29.

胡文斌，王瀚，张少飞，等，2016.半夏的化学成分及其药性、毒性研究进展 [J].中国资源综合利用，34（10）：57–59.

黄建华，2009.胶体金免疫层析法检测吸毒者尿样中的甲基苯丙胺 [D].南昌：南昌大学 .

黄国英，刘星星，2013.中药商陆的药理及应用研究 [J].中国实用医药，8（15）：249–250.

黄华，郭水良，2005.外来入侵植物加拿大一枝黄花繁殖生物学研究 [J].生态学报（11）：3–11.

黄清惠，2020.雷公藤治疗类风湿关节炎的现状思考 [J].中国民间疗法，28（20）：115–117.

黄琼，陈龙全，2008.魔芋的保健功能及其加工 [J].保健医学研究与实践（2）：55–56.

黄山，2013.滴血红似虞美人：罂粟花 [J].上海集邮（8）：28–30，49.

贾明浩，黄晓霞，蔡梦玲，等，2021.藏文档案常用藏纸的纤维及其造纸工艺对比分析 [J].档案学研究（4）：116–122.

季宇彬，吴盼，郎郎，2009.龙葵碱的毒理学研究进展 [J].中草药，40（S1）：29–31.

季宇彬，辛国松，曲中原，等，2016.石蒜属植物生物碱类化学成分和药理作用研究进展 [J].中草药，47（1）：157–164.

江苏新医学院，1977. 中药大辞典 [M]. 上海：上海人民出版社 .

姜峰玉，孙抒，2013. 蝙蝠葛化学成分和药理作用的研究进展 [J]. 辽宁中医杂志，40（12）：2612-2614.

姜淼，张海波，张霞，等，2021. 雷公藤多苷不良反应及配伍减毒研究进展 [J]. 中华中医药学刊，39（5）：3.

姜莹莹，吕媛，等，2005-08-03. 见血封喉为何杀人不见血？[N]. 北京科技报（001230）.

蒋颖，高敏，孟盈，等，2019. 漆树科植物漆酚的多样性及演化关系研究 [J]. 西北植物学报，39（3）：552-562.

金锋，张振凌，任玉珍，等，2013. 巴豆的化学成分和药理活性研究进展 [J]. 中国现代中药，15（5）：372-375.

金瑞，2020. 谭继洵任职甘肃期间的民生政绩探析：以禁罂粟、兴蚕桑为中心的考察 [J]. 甘肃广播电视大学学报，30（4）：28-31.

金维艳，2007. 毒芹中毒 1 例 [J]. 医药园地，17（4）：246.

阚卫军，贺盟，2012. 苍耳子中毒死亡 1 例 [J]. 法医学杂志，28（1）：63-64.

康冰亚，赵熙婷，杨亚蕾，等，2021. 雷公藤的药理作用及临床应用 [J]. 中华中医药学刊，39（6）：5.

康凯，赵月然，周凌，2017. 马桑毒物分析及中毒症状 [J]. 世界最新医学信息文摘，17（12）：104-105.

蓝紫青灰，2020-09-29. 天雨曼陀罗花 [N]. 长江日报（12）.

李孟楼，庄世宏，宗娜，2003. 马桑毒素 B 对粘虫几种生理生化指标的影响 [J]. 西北农林科技大学学报（自然科学版）(6)：54-58.

李颜行，唐紫莹，吴萍，2021. 新型毒品的成瘾机制及其危害 [J]. 中国医刊，56（11）：1169-1173.

李龙辉，张建兵，沈雯雯，等，2015. 苯丙胺类兴奋剂成瘾和成瘾严重认定标准的制订 [J]. 中国药物滥用防治杂志，21（3）：125-128，132.

李少泓，孙欣，2010. 杜鹃属植物的化学成分及药理作用研究进展 [J]. 中华中医药学刊，28（11）：2435-2437.

李时珍，1994. 本草纲目 [M]. 合肥：安徽科学技术出版社：1196-1199.

李晓霞，瞿璐，刘丽丽，等，2016. 国槐化学成分与药理作用的研究进展 [J]. 天津中医药大学学报，35（3）：211-216.

李一飞，姚广涛，2011. 商陆药理作用及毒性研究进展 [J]. 中国实验方剂学杂志，17（13）：248-251.

李莹莹，胡政平，杜朝东，等，2020. 乌头属植物研究现状和热点的文献计量分析 [J]. 现代医药卫生，36（16）：2490-2493.

梁婕，2011. 莽草的化学成分和生物活性研究 [D]. 福州：福建中医药大学 .

梁柳春，杨亚玺，郭夫江，2020. 雷公藤红素药理作用及结构修饰研究进展 [J]. 中国药物化学杂志，30（10）：622-635.

梁瑞龙，黄丽芸，2019. 剧毒树种：见血封喉 [J]. 广西林业（3）：40-41.

刘建强，2008. 跨国制造冰毒案的特点与对策：以邵春天案为例 [J]. 四川警察学院学报（3）：51-55，62.

刘庆，刘慧君，2002. 商陆的应用及毒副作用 [J]. 新疆中医药（1）：40-42.

刘碧峰，2020. 黎族服饰纹样的再设计及其在现代设计中的延展应用 [J]. 西部皮革，42（15）：71-72.

刘成，陈晓德，吴明，等，2014. 芦苇叶片化感作用对加拿大一枝黄花生长及生理生化特性的影响 [J]. 草业学报，23（3）：182-190.

刘传梦，陈海鹏，谭柳萍，等，2019. 苍耳子药理作用及毒性研究进展 [J]. 中国实验方剂学杂志，25（9）：207-213.

刘刚，2020. 鱼藤酮可用于金银花蚜虫的绿色防控 [J]. 农药应用（8）：49.

刘桂敏，2004. 魔芋的药用价值 [J]. 中草药（8）：135-136.

刘国宇，崔新爱，李艳，等，2020. 不同生长年限木本曼陀罗中莨菪碱和东莨菪碱含量比较研究 [J]. 陕西农业科学，66（9）：43-44.

刘鸿冉，2019. 从"水葫芦事件"看生物入侵对生态的影响 [J]. 决策探索（中）（6）：80-81.

刘建强，2008. 解析冰毒滥用的历史沿革及危害 [J]. 中国药物滥用防治杂志，14（5）：311-312.

刘金渊，曾汉基，1994. 大量煎服关木通致急性肾功能衰竭死亡 1 例 [J]. 中国中药杂志（11）：692-693.

刘淑娟，2014. 巴豆的炮制与应用研究 [J]. 中国现代药物应用，8（4）：236.

刘铁桥，郝伟，2001. 苯丙胺类兴奋剂概介 [J]. 国外医学 . 精神病学分册（3）：129-134.

刘文英，1999. 蕨菜及蕨根粉的加工利用 [J]. 云南农业科技（4）：33.

刘岩，刘昕，叶加虎，等，2020. 夹竹桃麻素对兔心房肌 I（K1）氧化损伤的保护作用 [J]. 心脏杂志，32（4）：333-336.

刘毅，徐莛婷，赵波，等，2012.苗药八角枫的药学研究进展 [J].微量元素与健康研究，29（1）：57-60.

罗文扬，罗萍，易观路，等，2007.见血封喉及其繁殖栽培技术 [J].中国种业（3）：16-17.

罗萍，罗文扬，冯文星，2006.见血封喉及其栽培要点 [J].安徽农学通报（11）：136-137.

卢建珍，谢明仁，管海彦，2020.甲基苯丙胺的毒性作用与检测方法 [J].中国公共安全（学术版）（1）：128-132.

卢山，张静，施向东，2020.一起误食断肠草中毒事件调查分析 [J].应用预防医学，26（3）：213-214.

卢骁，2017."相思"原来有剧毒 [J].健康博览（2）：24-25.

罗容，肖佩荣，2020.以神经精神症状首发的曼陀罗中毒 24 例 [J].中国神经精神疾病杂志，46（2）：95-97.

绿小素，2018.本期植物：红花石蒜 [J].全国优秀作文选（初中）（9）：57.

马虹莹，吴敬敏，葛广波，等，2019.马兜铃酸体内代谢及致毒过程研究进展 [J].世界科学技术（中医药现代化），21（2）：182-189.

马文斌，2020.草地毒草狼毒发生及防治 [J].畜牧兽医科学（18）：95-96.

毛晓峰，史志诚，王亚洲，2003.我国藜芦属植物研究进展 [J].动物毒物学，18（1-2）：17-21.

聂晶，孙晓红，罗侃，等，2005.误食新鲜毒芹根茎中毒分析 [J].中华预防医学杂志，39（5）：368.

努尔，努尔巴哈提，王光雷，等，2000.谨防家畜毒芹中毒 [J].新疆畜牧业（4）：44.

欧阳军，杨石文，冬目，2019.植物界三大毒门世家：断肠草、乌头和羊踯躅 [J].环球人文地理（21）：72-79.

潘敏，2015.群体性滴水观音中毒患儿的急救与管理 [J].职业卫生与应急救援，33（6）：456-457.

彭小雪，李林涛，齐杰，等，2019.毒品混用人群高危特征及其艾滋病、梅毒、丙型肝炎感染现况 [J].现代预防医学，46（16）：3032-3036.

邱韵萦，郁红礼，吴皓，等，2012.大戟属根类有毒中药醋制前后的毒性比较研究 [J].中国中药杂志，37（6）：796-799.

曲中原，邹翔，邹晓祺，等，2014.龙葵碱药理作用研究进展 [J].黑龙江医药，

27（4）：795–797.

齐福生，2009. 误食水仙茎叶引起的植物性食物中毒 [J]. 中国自然医学杂志，11（1）：73–74.

秦明东，2013. 浅述麻黄的综合利用 [J]. 中国畜牧兽医文摘，29（5）：188.

任建萍，2008. 金银花与钩吻的鉴别与使用 [J]. 山西职工医学院学报，18（4）：68.

任秋萍，2003. 围园护圃植物：蝎子草 [J]. 特种经济动植物（9）：20.

任文静，董梅月，冯俊杰，等，2021. 北豆根脂肪油提取工艺优化及其抗氧化活性研究 [J]. 中国现代应用药学，38（4）：420–425.

商国懋，卢文可，2017. 剧毒良药：巴豆 [J]. 首都食品与医药，24（3）：54.

沈佳钰，2017. 瑞香狼毒药理活性研究进展 [J]. 内蒙古中医药（8）：151–152.

沈荔花，2007. 外来植物加拿大一枝黄花（*Solidago canadensis* L.）入侵的化感作用机制研究 [D]. 福州：福建农林大学.

石晶晶，吴宁，李锦，2016. 苯丙胺类兴奋剂成瘾的治疗药物研究现状 [J]. 中国药物依赖性杂志，25（2）：145–150.

史晓梅，李凌燕，2002. 四季豆中毒分析 [J]. 中国卫生工程学（2）：29.

宋瑞雪，2021. 漆树资源综合增效初探 [J]. 中国生漆，40（3）：41–43.

宋德芳，石子琪，辛贵忠，等，2013. 石蒜科生物碱的药理作用研究进展 [J]. 中国新药杂志，22（13）：1519–1524.

宋学术，陈光启，包颖，等，2020. 铃兰的栽培与应用 [J]. 吉林林业科技，49（1）：47–48.

孙铭学，徐庆强，孟文琪，等，2020. 钩吻药理及毒理机制研究进展 [J]. 毒理学杂志，34（4）：336–341.

汤建，李慧梁，黄海强，等，2006. 藜芦属植物化学成分的研究近况 [J]. 药学进展，30（5）：206–212.

田中联，1984. 八角茴香与莽草果实的鉴别 [J]. 中药材科技（5）：21.

佟欣，2009. 半夏毒性及其解毒方法研究 [J]. 中医药信息，26（3）：12–15.

童俊，杨守坤，陈法志，等，2019. 野漆树研究进展 [J]. 湖北农业科学，58（S2）：16–20.

汪金波，2019. 警惕：有些野菜是"毒菜" [J]. 养生大世界（10）：44–46.

汪礼权，秦国伟，1997. 杜鹃花科木藜芦烷类毒素的化学与生物活性研究进展 [J]. 天然产物研究与开发（4）：82–90.

汪洋，2010. 中药苍耳子的毒性物质基础及中毒机制研究 [D]. 上海：第二军医大学.

王欢，马青成，耿朋帅，等，2015. 天然草地瑞香狼毒研究进展 [J]. 动物医学进展，36（12）：154-160.

王鹏程，王秋红，赵珊，等，2014. 商陆化学成分及药理作用和临床应用研究进展 [J]. 中草药，45（18）：2722-2731.

王群红，张朝晖，范刚启，等，2002. 对"中草药肾病"的认识 [J]. 中医杂志（2）：89-91.

王小涵，谭坤，缪天琳，等，2019. 铃兰高效繁育体系条件探究 [J]. 佳木斯大学学报（自然科学版），37（5）：801-803，836.

王新萍，郭芹，李甜，等，2020. 植物中白藜芦醇提取和检测方法研究进展 [J]. 食品安全质量检测学报，11（21）：7957-7965.

王艳玲，李云霄，2010. 毒芹诱导分化培养基筛选 [J]. 湖北农业科学，49（2）：283-284.

王耀翔，2017. 去除白果中氢氰酸工艺研究 [J]. 科技创新与应用（11）：44.

王泽民，顾生，2006. 鸦片原植物罂粟的定性研究 [J]. 甘肃警察职业学院学报（2）：52-53.

王祝年，李海燕，王建荣，等，2009. 海杧果化学成分与药理活性研究进展 [J]. 中草药，40（12）：2011-2014.

王宏玉，潘振生，2020. 犯罪经济学视角下的毒品犯罪防控"悖论"解析 [J]. 中国人民公安大学学报（社会科学版），36（6）：1-11.

王文武，周衡玉，彭立志，等，2022. 苯丙胺类兴奋剂滥用者艾滋病毒抗体阳性患者心电图分析 [J]. 中国药物依赖性杂志，31（2）：138-141.

王朝安，1985. 怎样治疗生漆过敏性皮疹 [J]. 四川农业科技（5）：47.

王丁九，2017. 一例马类家畜夹竹桃中毒的综合诊治 [J]. 中兽医学杂志（1）：39.

王念贤，2013. 走进陶笛部落 [J]. 语文世界（中学生之窗）（3）：23.

王炯琪，李璠，赵海超，等，2020. 不同施肥措施对草麻黄生长的影响 [J]. 河北北方学院学报（自然科学版），36（7）：43-48，54.

韦国玉，2010. 儿童白果中毒 32 例临床分析 [J]. 中外医疗，29（5）：91.

吴虹玥，包维楷，王安，等，2004. 外来物种水葫芦的生态环境效应 [J]. 世界科技研究与发展（2）：25-29.

吴降星，陈宇博，金彬，等，2015. 宁波市加拿大一枝黄花综合防治及利用 [J]. 植物检疫，29（2）：78-81.

吴一飞，巩江，赵婷，等，2010. 八角枫药学研究概况 [J]. 安徽农业科学，38（20）：10676–10677.

武静，李京忠，2020. 青海省瑞香狼毒的防控措施及开发利用 [J]. 安徽农学通报，26（7）：129–131.

夏书香，2012. 藜芦中毒临床表现及救治 [J]. 中国社区医师（医学专业），30（14）：81.

向少能，刘媛，王洁，等，2010. 蝎子草浸膏的抗炎、抗痛风及镇静作用研究 [J]. 西南师范大学学报（自然科学版），35（3）：162–167.

邢福椿，1982.30 例海杧果中毒的心电图表现及其治疗 [J]. 海南卫生（1）：22–24.

邢福椿，1988.36 例海杧果中毒心电图分析 [J]. 广西医学（5）：298–299.

徐友辉，2017. 新型胺类毒品的种类、危害及发展趋势 [J]. 四川职业技术学院学报，27（2）：155–158.

徐东花，于春月，韩成花，2007. 龙葵的化学成分及药理作用研究 [J]. 黑龙江中医药（2）：46–47.

徐佳佳，翟科峰，董璇，等，2016. 八角枫的研究进展 [J]. 黑龙江农业科学（2）：143–146.

徐丽华，赵利昌，1997. 白果的药用价值探讨 [J]. 山东医药工业（4）：47–48.

许黎忠，程芳芳，林志海，等，2014. 四季豆中 84 例急诊救治分析 [J]. 创伤与急诊电子杂志（2）：32–33.

阎旭，2020–04–30. 铃兰：有毒的幸福花 [N]. 中国花卉报（W02）.

鄢良春，张婷婷，吴懿，等，2014. 苍耳子及苍术苷对大鼠原代肝细胞的毒性作用研究 [J]. 中药药理与临床，28（3）：36–39.

姚红，周平，范雨昕，等，2019. 中国水仙 DFR 基因启动因子的克隆及功能 [J]. 应用与环境生物学报，25（4）：993–998.

杨海涛，刘军海，2010. 马桑生物碱的提取工艺及室内毒力测定 [J]. 贵州农业科学，38（11）：231–233.

杨经华，周顺长，郑春敏，等，1997. 蝙蝠葛酚性碱对犬的慢性毒性实验研究 [J]. 广西预防医学（5）：18–21.

杨柯，刘景生，2003. 中药商陆的研究进展 [J]. 中国医学文摘（肿瘤学），17（2）：186–188.

杨帆，2015. 未煮熟菜豆易致食物中毒 [J]. 广西质量监督导报（7）：21.

杨如意，昝树婷，唐建军，等，2011.加拿大一枝黄花的入侵机理研究进展 [J].
生态学报，31（4）：1185–1196.

杨世诚，2005.蝎子草 [J].读者（原创版），2（2）：5.

杨小华，杨莹，2020.一起误食曼陀罗引起食物中毒的调查分析 [J].职业卫生
与病伤，35（3）：187–191.

杨鑫，张秀省，穆红梅，2011.国槐主要药用成分及提取方法研究进展 [J].北
方园艺（19）：175–178.

银飞，2005.最毒的树：见血封喉 [J].百科知识（6）：40–41.

友霄钥，蔡昌润，2020.福贡县漆树产业发展问题和对策 [J].绿色科技（1）：
152–153.

于焱，2017.当心"滴水观音"灼伤眼 [J].祝您健康（2）：17.

余凤高，2019.苏格拉底喝的是什么毒药 [J].世界文化（9）：58–61.

余国营，张晓华，梁小民，等，2000.滇池水植物系统金属元素的分布特征和
相关性研究 [J].水生生物学报，24（2）：172–176.

袁海建，贾晓斌，印文静，等，2016.炮制对半夏毒性成分影响及解毒机制研
究报道分析 [J].中国中药杂志，41（23）：4462–4468.

云无心，2010.纯天然的野菜居然会致癌 [J].世界博览（8）：86.

云无心，2015.四季豆为什么能使人中毒 [J].消费者报道（2）：19.

臧得奎，1998.中国蕨类植物区系的初步研究 [J].西北植物学报（3）：3–5.

曾炳麟，赵茹，潘显道，2021.石蒜碱药理活性及构效关系研究进展 [J].天然
产物研究与开发，33（2）：11.

曾庆佩，1981.莽草子中毒55例的临床分析及防治方法的探讨 [J].中药通报
（3）：33–35.

张海燕，周奕华，党本元，等，1998.将商陆抗病毒蛋白（PAP）cDNA 导入油
菜获得抗病毒转基因植株 [J].科学通报（23）：2534–2537.

张剑峰，2016.室内黄金葛绿萝植物对甲醛吸收能力的影响 [J].科技通报，32
（9）：211–215.

张箭，2014.菜豆：四季豆发展传播史研究 [J].农业考古（4）：218–229.

张璐，吴菁华，姚馨婷，等，2020.中国水仙 NtTFL1-1 和 NtTFL1-2 基因的克
隆和表达 [J].应用与环境生物学报，26（2）：264–271.

张嫩玲，田婷婷，田璧榕，等，2018.大蝎子草地上部分化学成分研究 [J].贵
州医科大学学报，43（5）：538–539，545.

张暖，赫军，丁康，等，2020. 瑞香狼毒化学成分研究 [J]. 中国药学杂志，55（10）：799-805.

张寿，莫重辉，常兰浩，等，2014. 棘豆狼毒水煎液对小鼠组织中一氧化氮含量的影响 [J]. 中国兽医杂志，50（8）：39-41.

张学梅，张重华，2003. 苍耳子中毒及毒性研究进展 [J]. 中西医结合学报（1）：71-73.

赵娟，魏贤河，2016.51 例急性白果中毒临床分析 [J]. 齐齐哈尔医学院学报，37（20）：2525-2527.

赵猛，亢晶，2019. 瑞香狼毒的民族植物学、植物化学及其药理学研究进展 [J]. 中国野生植物资源，38（3）：70-74.

赵中文，陈岚，2020. 园林有毒植物应用分析：以夹竹桃为例 [J]. 南方农机，51（2）：224.

郑继旺，1998. 中枢兴奋剂的药理作用及其依赖性特点 [J]. 生物学通报（9）：4-5.

郑继旺，2003. 毒品与国际禁毒日 [J]. 中国医药指南（6）：16-17.

支荣荣，谢斌，郑灏，2019. 相思子鉴别与含量测定方法的研究 [J]. 中国药品标准，20（4）：307-310.

钟凌云，吴皓，张琳，等，2007. 半夏毒性成分和炮制机理研究现状 [J]. 上海中医药杂志（2）：72-74.

周谦，陈斌，曹鹏，等，2018. 鱼藤酮诱导神经毒性机制的研究进展 [J]. 中国野生植物资源，37（1）：51-55.

周伟民，1998. 说"鸡卜"：论海南民间宗教信仰及海南民俗 [J]. 海南大学学报（社会科学版）（2）：18-24.

周倩，金若敏，姚广涛，2012. 蝙蝠葛碱体外肝肾细胞毒性的初步研究 [J]. 中国药物警戒，9（10）：580-583.

朱千华，2011. 山行笔记：穿行在广西的神秘植被中 [J]. 广西林业（12）：30-31.

朱法根，郁红礼，吴皓，等，2012. 半夏凝集素蛋白与半夏毒针晶毒性的相关性研究 [J]. 中国中药杂志，37（7）：1007.

责任编辑：葛宝庆　肖　静
封面设计：五色空间

ISBN 978-7-5219-1488-7

定价：50.00元